John Kilbracken

VÖGEL

beobachten und bestimmen

Deutscher Text von Wolfgang Rhiel

Delphin Verlag

Erstmals veröffentlicht bei
Kingfisher Books Limited, London, 1982.

Originaltitel: *The Easy Way to Bird Recognition.*
Illustrationen: Martin Camm, Bernard Robinson und David Wright.

Umschlag: Foto auf der Vorderseite von Brian Hawkes.
Illustration auf der Rückseite von Gillian Platt/Garden Studios.
Satz: Ebach, München.
Printed and bound by Vallardi Industrie Grafiche, Mailand, Italien.
ISBN 3.7735.2482.X

Über den Umgang mit diesem Buch

Dieses Buch verfolgt einen einzigen Zweck: Es will es Ihnen leichter machen als bisher, sämtliche Vögel, auf die Sie hierzulande treffen können, so schnell wie möglich zu bestimmen.
Es ist unsinnig, so zu tun, als wäre es immer ganz einfach, einen Vogel zu bestimmen. Dazu gibt es zu viele Arten, die sich oft kaum voneinander unterscheiden. Kein Buch kann Sie in die Lage versetzen, jeden braunen Vogel zu erkennen, den Sie gerade noch in einem Busch haben verschwinden sehen.
Aber die Verwendung eines einfachen, systematischen Schlüssels und die Beschränkung auf die 184 Arten, die hier am häufigsten vorkommen, machen es möglich, fast jeden Vogel zu benennen, den man einigermaßen in Ruhe hat beobachten können. Eine ergänzende Liste hinten im Buch nennt 38 seltenere Arten.
Und so ist das Buch aufgebaut: Es enthält 290 Fragen und Antworten. Erstere sind blau markiert, letztere gelb. Man beginnt stets bei I und geht der Reihe nach vor. Die Fragen sind so gewählt, daß eine Antwort darauf nicht schwerfallen sollte. Außerdem gibt ein knapper Text weitere Hilfen. Manchmal hat man die Antwort schon nach drei, spätestens aber nach zwölf Fragen. Diese Antwort nennt die Arten – manchmal nur eine, nie mehr als vier –, unter denen Ihr Vogel höchstwahrscheinlich zu finden ist. Illustrationen am Rand und weiterer Text helfen, zwischen den Arten zu unterscheiden.
Falls Sie den gesuchten Vogel nicht im Hauptteil des Buches finden, sehen Sie in der Ergänzungsliste am Schluß nach, wo die weniger häufigen Arten erwähnt werden. Finden Sie auch dort nichts, ist Ihnen entweder ein Fehler unterlaufen, oder Sie haben ein wirklich seltenes Exemplar gesehen und sollten in einem größeren Werk nachschlagen. Die einzige andere Möglichkeit (vor allem im Sommer) ist die, daß der Vogel eben erst flügge geworden ist. Junge Vögel sehen anders aus als erwachsene Tiere, doch ist es zu schwierig, hier auf diese Unterschiede einzugehen.
Betrachten wir an einem Beispiel, wie man mit diesem Buch umgeht. Sie haben im Wald einen kleinen Vogel mit leuchtendgelber Brust und blauem Kopf gesehen – mehr konnten Sie sich nicht merken. Bei **I** beginnend stellen Sie fest, daß es ein *Landvogel* war, und kommen zu **2**.

Sie lesen die Hinweise und können danach sofort bestimmen, daß er so groß wie ein *Buchfink oder kleiner* war – also höchstens 15 cm vom Schwanz bis zum Schnabel gemessen. Damit kommen Sie zu **3.** *Gelb* war die vorherrschende Farbe, Sie suchen daher bei **59** weiter. Vielleicht war der Vogel zwar klein, aber doch größer als 9 cm; in diesem Fall also bei **61** weiterlesen.

Der Text sagt Ihnen, daß der Vogel zur *Familie der Meisen* gehört, und Sie kommen zu **62** und sehen, daß dies Ihre Antwort ist. Es bieten sich zwei Möglichkeiten: *Kohl-* oder *Blaumeise.* Die Abbildung am Rand und der Begleittext lassen keinen Zweifel, daß es eine Blaumeise gewesen sein muß.

In einigen Fällen gibt es „Überschneidungen", man kann also auf verschiedenen Wegen zum Ziel kommen. Hätten Sie in unserem eben erklärten Beispiel irrtümlicherweise Blau und nicht Gelb als Hauptfarbe angenommen, wären Sie sofort zu **62** und damit zum gleichen Ergebnis gekommen.

Und wenn der Vogel nach Ihrer Meinung fast so groß wie ein Buchfink gewesen wäre, hätten Sie ebenfalls die richtige Antwort gefunden, unabhängig von Ihrer Antwort auf Frage **2**.

Wasservögel, die manchmal weit vom Wasser entfernt angetroffen werden, rechnen wir nach unserem System zu den Landvögeln und umgekehrt natürlich auch Landvögel, die in Gewässernähe angetroffen werden können, zu den Wasservögeln.

Bei vielen Arten unterscheiden sich Männchen und Weibchen, oder das Gefieder sieht in der Brutzeit anders aus als sonst. Sollte Ihr Vogel ein Weibchen oder ein Männchen im Winterkleid gewesen sein, so werden Sie trotzdem zur richtigen Antwort geführt.

Immer werden die Abkürzungen »m«, »w«, »S« und »W« oder deren Kombination zur Bestimmung angegeben, also »männlich«, »weiblich«, »Sommer« und »Winter«. »**AMSEL** m« bedeutet, daß sich die Antwort nur auf die männliche Amsel bezieht; das Weibchen sieht ganz anders aus. »Sommer« und »Winter« bedeuten durchwegs »während der Brutzeit« und »außerhalb der Brutzeit«, nicht bestimmte Monate.

Die Geschlechter sind in vielen Fällen gleich oder praktisch gleich. Sie werden mit »mw« gekennzeichnet.

Unterscheiden sich die Geschlechter geringfügig, ähneln sich aber doch so weit, daß sie unter der gleichen Antwort auftauchen können, wird diese Art mit »m-w« gekennzeichnet.

Ähnlich bedeutet »**ROHRAMMER** mW-w«, daß die Antwort für das Männchen im Winter und das Weibchen das ganze Jahr hindurch gilt. Das Männchen hat im Sommer (mS) einen völlig schwarzen Kopf und wird daher gesondert behandelt.

Folglich bedeutet »**ZWERGTAUCHER** mwS«, daß Männchen und Weibchen im Brautkleid gleich sind und die Antwort für beide im Sommer gilt.

Zwei Hinweise werden bei jeder Antwort gegeben, um die Bestimmung zu erleichtern. Nehmen wir die Nummer **57** als Beispiel. Es sind vier Arten

57 (von 55)	**GARTENROTSCHWANZ** m	SO 14 cm
	SCHWARZKEHLCHEN m-w	D 12,5 cm
	BRAUNKEHLCHEN m-w	SO 12,5 cm
	KLEIBER mw	D 14 cm

Der erste Hinweis rechts neben der Vogelart gibt an, ob der Vogel ein Dauergast (D) ist und daher das ganze Jahr über beobachtet werden kann, oder ein Sommergast (So) bzw. Wintergast (Wi).
Der zweite Hinweis benennt die Größe des Vogels von der Schwanz- bis zur Schnabelspitze.
Sobald man sich an den Umgang mit dem Buch gewöhnt hat, weiß man sehr schnell, worauf man besonders achten muß. Offensichtlich sind das *Habitat* (die Art der Landschaft, in welcher der Vogel beobachtet wurde) und die *Größe* wichtig. Die Größe richtet sich in diesem Buch stets an drei Arten aus, die fast jeder kennt. Die Landvögel sind demnach in vier Größengruppen eingeteilt:
(a) Buchfinkgröße oder kleiner
(b) Größer als Buchfink, nicht größer als Amsel
(c) Größer als Amsel, nicht größer als Saatkrähe
(d) Größer als Saatkrähe
Diese drei Arten sind so bekannt, daß selbst derjenige, der sie noch nicht

Der Vogelkörper
(Buchfinkmännchen im Sommerkleid)

kennt, keine Schwierigkeiten haben dürfte, sich ihr Aussehen schnell einzuprägen.
Auch die *Farbe* eines Vogels ist von großer Bedeutung, und hier sollte man sich vor Augen halten, daß sehr viele Vögel ganz braun oder ganz braun und weiß sind. Es ist also ratsam, immer besonders darauf zu achten, ob nicht doch noch irgendeine andere Farbe – einschließlich Schwarz – zu entdecken ist.
Die *Schnabelform* kann ein wichtiger Hinweis sein, insbesondere bei kleinen Landvögeln. War der Schnabel dick oder dünn, gerade oder gebogen, lang oder kurz?
Die *Stimme* eines Vogels ist ebenfalls oft ein nützliches Merkmal, allerdings ist der Gesang eines Vogels in Lautsprache so schwer wiederzugeben, daß ich es nur dann versucht habe, wenn die Stimme eine nicht zu übergehende Bedeutung hat – um z. B. den Zilpzalp vom Fitis zu unterscheiden.
Wenn man nach einiger Übung keine Hilfe mehr durch die Fragen braucht, ist es möglicherweise eine Erleichterung, die Kurzübersicht am Ende des Buches zu benutzen. Mit Hilfe dieser Übersicht läßt sich die richtige Antwort dann wahrscheinlich schneller finden.
Dieses Buch erhebt nicht den Anspruch, wissenschaftlich zu sein. Es liefert keine zusätzlichen Informationen wie etwa Nestbaugewohnheiten, es sei denn, sie sind bei der Bestimmung von Nutzen. Fast alle anderen Bestimmungsbücher ordnen die Arten nach Familien, so daß Vögel des gleichen ornithologischen Typs auf der gleichen Seite abgehandelt werden.

Hier sind die bei der gleichen Antwort zusammengefaßten Vögel normalerweise diejenigen, die am ehesten verwechselt werden, auch wenn sie in keiner Weise miteinander verwandt sind.
Andere Vogelbestimmungsbücher behandeln unter Umständen alle bei uns überhaupt vorkommenden Arten, auch wenn die Hälfte davon sehr selten ist. Sie befassen sich zuweilen sogar mit sämtlichen in Europa anzutreffenden Arten. Das ist verdienstvoll, wenn ein umfassendes Werk verlangt wird, für den Anfänger aber schwierig, der unter sehr viel mehr Möglichkeiten wählen muß, als er für sein Vorhaben benötigen würde.
Das Buch hat am Schluß ein Register, in dem alle 222 Arten einschließlich derjenigen aus der Ergänzungsliste alphabetisch zusammengefaßt sind. Dieses Register kann gleichzeitig als Prüfliste zum Abhaken dienen, so daß jeder mühelos festhalten kann, welche Arten er schon beobachtet hat. Ein paar Zeilen wurden leer gelassen, so daß man besonders seltene Arten, die in diesem Buch nicht erwähnt werden, ergänzend eintragen kann.
Und nun viel Glück!

JK
Killegar,
1982

1 War es ein Land- oder ein Wasservogel.

Meistens ist die Antwort offenkundig. Ist der Vogel geschwommen oder gewatet, so war es sicher ein Wasservogel. Und höchstwahrscheinlich war es auch ein Wasservogel, wenn er sich am Ufer (Meer, See, Fluß) befand oder tief darüberflog; auf oder in der Nähe von Klippen, oder über dem Meer flog; in Büschen, Schilf oder Binsen am Wasser; oder in Schlammzonen.

Befand er sich nirgends in der Nähe von Wasser, war es höchstwahrscheinlich ein Landvogel. In Grenzfällen wird man instinktiv erkennen, was zutrifft.

Einige Vögel, z. B. Möwen, trifft man an beiden Habitaten. Sie findet man, gleichgültig welche Antwort man wählt.

Landvogel [2] Wasservogel [166]

2 Wie groß war er?

(von 1)

In diesem Buch wird die Größe immer dadurch gemessen, daß man den Vogel mit einer von drei weithin bekannten Arten vergleicht, dem Buchfinken (15 cm), der Amsel (25 cm) und der Saatkrähe (46 cm). Die Maße gelten jeweils von der Schnabel- bis zur Schwanzspitze.

Hier ist zu entscheiden, wie groß der Vogel im Vergleich zum Buchfinken ist. Vögel, die ähnlich groß wie ein Buchfink sind, findet man unabhängig von der gegebenen Antwort.

Andere bekannte Vögel von etwa gleicher Größe sind das Rotkehlchen und die Kohlmeise (14 cm), der Haussperling und der Gimpel (14,5 cm) sowie die Heckenbraunelle (15 cm).

Buchfinkgröße oder kleiner [3]

Größer als ein Buchfink [71]

3 Welche Farbe hatte der Vogel?

(von 2)

Diese Frage bezieht sich auf die Farbe der Befiederung ohne Läufe und Schnabel.

Das Gefieder vieler Vögel ist braun oder braun-weiß; sie sind daher oft schwer zu bestimmen. Wenn ein Vogel zunächst völlig braun oder braun-weiß erscheint, sollte man genau hinsehen, ob es noch eine andere Farbe gibt.

Sieht man nur Braun oder Braun-Weiß, bei 4 weitermachen. Andernfalls diese beiden Farben völlig außer acht lassen und bestimmen, welche andere Farbe überhaupt vorkam oder unter anderen vorherrschte.

Vögel, die z. B. braun-weiß und rot sind, wie das Rotkehlchen, findet man, wenn man dem Stichwort »Rot« folgt, auch wenn »Braun-Weiß« vorherrscht.

Schwarz-weiße Vögel, wie die Elster, findet man, wenn man dem Stichwort »Schwarz« folgt.

Einige Arten, wie die Rauchschwalbe und der Kormoran, sehen zwar schwarz aus, sind jedoch dunkelblau bzw. -braun. Auch sie findet man, folgt man dem Stichwort »Schwarz«.

Braun oder nur Braun-Weiß [4]

Braun und Weiß außer acht lassen. Entscheiden, welche Farbe vorherrscht:

Schwarz [24] Grau [38] Rot [49]
Gelb-Grün [59] Blau [62]

4 Wo wurde der Vogel beobachtet?

(von 3)

»Offenes Gelände« ist die richtige Antwort, wenn der Vogel auf offenem Feld, grasigem Hügelland oder binsenbestandenem Ödland entdeckt wird, auf der Heide, im Moor oder in den Bergen.
»Nicht in offenem Gelände« gilt bei Gärten, Buschwerk und Wäldern, aber auch bei Städten und der Umgebung von Häusern und Bauernhöfen.

Im offenen Gelände [5]
Nicht im offenen Gelände [16]

5 Welche Form hatte der Schnabel?

(von 4)

Alle kleinen Vögel haben entweder bemerkenswert feine, schlanke oder vergleichsweise dicke, kräftige Schnäbel. Die Abbildung soll die Entscheidung erleichtern.
Die Schnabelform ist ein wertvolles Erkennungsmerkmal, auf das zu achten man sich bemühen sollte.
Kann man sich nicht entscheiden, sollte man unter beiden Stichworten weitersuchen.

Feiner Schnabel [6]
Kräftiger Schnabel [13]

6 War es ein Rohrsänger?

(von 5)

Die drei möglichen Rohrsänger unterscheiden sich von allen kleinen braunen, feinschnäbligen Vögeln des offenen Geländes, weil nur sie meistens zurückgezogen im Dickicht leben. Man trifft sie im allgemeinen in ziemlich feuchtem, mit Binsen bestandenem Gelände oder in buschiger Vegetation in der Nähe von Gewässern.

Ja [7] Nein [8]

7 (von 6)

SCHILFROHRSÄNGER mw — So 13 cm
TEICHROHRSÄNGER mw — So 12,5 cm
FELDSCHWIRL mw — So 13 cm

Diese drei Sommergäste sind ziemlich unscheinbar und außer durch ihren Gesang kaum zu unterscheiden.
Der Schilfrohrsänger ist deutlich heller als die beiden anderen. Vom Schnabelansatz läuft oberhalb der Augen ein weißer Streifen bis in den Nacken. Er ist beim Feldschwirl weniger stark ausgeprägt und fehlt beim Teichrohrsänger fast ganz.
Die Oberseite des Teichrohrsängers ist fast einfarbig braun (keine weißen Streifen); beim Feldschwirl ist sie leicht gestreift, beim Schilfrohrsänger kräftig.
Die scheuen Vögel sind öfter zu hören als zu sehen. Ihr Gesang ist daher das beste Unterscheidungsmerkmal. Beim Teichrohrsänger ist es ein ziemlich eintöniges »Tschirruk, tschirruk ... tschirr, tschirr«. Der Gesang des Schilfrohrsängers ist eine Mischung aus harten und weichen Lauten, der des Feldschwirls wird oft mit dem Geräusch einer sich aufwickelnden Angelrolle verglichen.

Schilfrohrsänger

Teichrohrsänger

Feldschwirl

8 Hatte der Vogel auffällig weißes Gefieder?

(von 6)

»Nein«, wenn der Vogel gleichmäßig braun gesprenkelt war (von heller Unterseite abgesehen). Mit »Ja« antworten, wenn das Gefieder weiße Stellen aufweist oder der Bürzel weiß ist.

Ja [9] Nein [10]

9

STEINSCHMÄTZER w So 14,5 cm
BRAUNKEHLCHEN w So 12,5 cm

(von 8)

Diese beiden Weibchen, beide Sommergäste, lassen sich ziemlich leicht unterscheiden. Der Steinschmätzer ist etwas größer, hat einen deutlich weißen Bürzel und ein schwarz-weißes T-förmiges Muster auf dem Schwanz. Das Braunkehlchen hat einen gestreiften Rücken und weiße Flügelbinden. Beide Vögel haben helle Augenstreifen.
Das Steinschmätzermännchen hat einen stahlgrauen Rücken und Scheitel und eine auffällige schwarze Zeichnung (vgl. 45). Die rotbraune Brust des Braunkehlchenmännchens erlaubt dessen Einordnung unter »Rot« (vgl. 57).
Beide Arten kommen im Hoch- und Mittelgebirge und in der Heide vor, der Steinschmätzer auch in Sanddünen in Küstennähe, das Braunkehlchen im Ödland.

Steinschmätzer

Weibchen

Braunkehlchen

Weibchen

10 War es eine Lerche oder ein Pieper?

(von 8)

Die vier verbleibenden möglichen Arten – zwei Lerchen, zwei Pieper – sind fast alle gleichmäßig braun gesprenkelt und gleich groß, also schwer zu unterscheiden. Alle Männchen mit hohem Singflug, wenn auch mit deutlichen Unterschieden.
Beide Lerchen habe eine manchmal kaum erkennbare Haube, die den Kopf gedrungener erscheinen läßt. Sie haben außerdem eine aufrechtere Haltung, einen kräftiger gestreiften oder gesprenkelten Rücken, einen stärkeren Schnabel und einen auffälligeren hellen Augenstreif. Die Pieper sind schlanker und haben einen kürzeren Schwanz.

Lerche [11] Pieper [12]

11 FELDLERCHE mw HEIDELERCHE mw

D 18 cm
D 15 cm

(von 10 und 83)

Die Feldlerche kommt häufiger vor. Sie ist größer als die Heidelerche, hat eine stärkere Haube, einen etwas längeren Schwanz und eine weiße Außenkante am Innenflügel. Die Heidelerche bevorzugt, anders als die Feldlerche, den Waldrand oder Gelände mit einzeln stehenden Bäumen.
Beide Vögel kann man am besten beim bekannten Singflug der Männchen beobachten und unterscheiden. Die Feldlerche steigt singend fast senkrecht vom Boden auf, schwebt in großer Höhe und kehrt senkrecht, aber ohne Gesang zum Boden zurück.

Die Heidelerche steigt spiralförmig auf und schwebt nicht. Ihr Gesang ist kürzer und weicher. Das Männchen singt manchmal im Sitzen.

12 WIESENPIEPER mw BAUMPIEPER mw

D 14,5 cm
So 15 cm

(von 10 und 83)

Diese beiden unscheinbaren Arten kann man fast nur anhand ihres Singflugs und Standorts unterscheiden.
Der weit häufiger vorkommende Wiesenpieper ist meist in baumlosem Gelände anzutreffen, der Baumpieper, ein Sommergast, fast immer in Baumnähe. Der Singflug der Pieper ist kürzer und schlichter als der der Lerchen. Das Unterscheidungsmerkmal: Der Wiesenpieper steigt stets vom Boden auf, macht einen kurzen Singflug und kehrt zum Boden zurück. Der Baumpieper steigt fast immer von einem Baum auf und kehrt nach dem Singflug dorthin zurück. Nur selten landet er auf dem Boden.

Wenn Sie einmal nahe genug an die beiden Vögel herankommen, so können Sie es deutlich erkennen: Die Beine des Baumpiepers sind fleischfarben, der Wiesenpieper dagegen hat eindeutig braune Läufe und etwas mehr Weiß auf der Brust.

13 (von 5)

Hatte der Vogel deutliche weiße Abzeichen an den Flügeln?

»Nein« als Antwort bei ganz braunen oder braun gesprenkelten Flügeln, »Ja« bei eindeutig weißen Flügelabzeichen.
Ja [14] Nein [15]

14 (von 13 und 16)

BUCHFINK w — D 15 cm
HÄNFLING w — D 13,5 cm
TRAUERSCHNÄPPER w — So 13 cm
SCHNEEAMMER m-w — Wi 16,5 cm

Die wahrscheinlichste Antwort ist Buchfinkweibchen, eine der häufigsten und bekanntesten Arten mit deutlichen weißen Flügelbinden und grünbraunem Rücken. Zum Männchen vgl. 53.
Hänflingweibchen ist am zweitwahrscheinlichsten. Es ist merklich kleiner und hat unauffälligere Flügelbinden, einen gestreiften braunen Rücken und eine braungesprenkelte Brust. Zum Männchen vgl. 54.
Das Trauerschnäppermännchen ist im Gegensatz zum Weibchen buntscheckig (vgl. 28). Das Weibchen ist oben graubraun, unten fast weiß und hat einen weißen Flügelfleck. Es zuckt nach dem Setzen mit dem Schwanz und ist ein geschickter Insektenfänger (vgl. 19).
Kaum zu verwechseln mit ihnen ist die seltenere Schneeammer, ein Wintergast. Das Winterkleid beider Geschlechter hat halbweiße Flügel und ein weißes Unterteil. Vorkommen meist an der Küste, oft in Scharen.
Zur Zaunammer vgl. die Ergänzungsliste.

Buchfink
Weibchen

Trauerschnäpper
Weibchen

Hänfling
Weibchen

Schneeammer

15

(von 13)

ROHRAMMER mW-w D 15 cm
GRAUAMMER mw D 18 cm
BERGHÄNFLING w D 13,5 cm

Rohrammern erkennt man am grobgemusterten Kopf. (Das Männchen hat im Sommer einen schwarzen Kopf, vgl. 34). Anzutreffen meist im Röhricht, außer im Winter – dann auf Feldern, manchmal in der Nähe des Menschen.
Die Grauammer ist bemerkenswert unscheinbar – gleichmäßig braun gestreift. Größer als ein Buchfink, schwer und plump aussehend, mit kurzem, kräftigem Schnabel. Füße im Flug oft niederhängend. Ihr Gesang, das deutlichste Unterscheidungsmerkmal, ähnelt dem Klirren eines Schlüsselbundes.
Das Berghänflingweibchen ist ebenfalls schwer zu erkennen, ist allerdings kleiner und hat schwache Abzeichen an den Flügeln. (Das Männchen hat einen rosa Bürzel, vgl. 58).

16

Hatte der Vogel klar erkennbar eine weiße Flügelzeichnung?

(von 4)

»Ja« bei sichtbaren weißen Abzeichen an den Flügeln. »Nein« bei braunen oder braun gesprenkelten Flügeln.

Ja 14 Nein 17

17

War es ein Rohrsänger?

(von 16)

Die drei in Frage kommenden Rohrsänger unterscheiden sich von den fünf anderen Arten, die »noch im Rennen sind«, dadurch, daß sie ziemlich scheu sind. Sie halten sich in Bäumen oder auch im Dickicht versteckt. Sogar das Männchen sucht sich zum Singen einen stillen Platz aus.

Ja 18 Nein 19

18 (von 17)

GARTENGRASMÜCKE mw — So 14 cm
MÖNCHSGRASMÜCKE w — D 14 cm
DORNGRASMÜCKE w — So 14 cm

Am ehesten kommt hier die Gartengrasmücke in Frage, da die beiden anderen Weibchen sind, nicht singen und daher noch weniger auffallen. Sie ist einfarbig braun mit etwas hellerer Brust; das Männchen hebt sich nur durch den strahlenden Gesang ab.
Das Mönchsgrasmückenweibchen ist an der kastanienbraunen Kappe zu erkennen, das auffälligere Männchen an der schwarzen – vgl. 34.
Das Dorngrasmückenweibchen hat eine weiße Kehle, das Männchen außerdem noch einen grauen Kopf und Nacken (vgl. 40). Die etwas kleinere Zaungrasmücke ist insgesamt grauer (vgl. 46).

19 War es ein Schnäpper?

(von 17)

Schnäpper unterscheiden sich von allen anderen Vögeln, weil sie – anders als die Rohrsänger – gerne an einem exponierten Platz sitzen, von dem sie immer wieder auf Insektenjagd gehen.

Ja [20] Nein [21]

20 GRAUSCHNÄPPER mw

So 14 cm

(von 19)

Der Grauschnäpper ist ein fast einfarbig brauner Vogel. Brust und Kopf sind gestreift. Er sticht vor allem durch seinen geschickten Insektenfang ins Auge (vgl. 19).
Wippt im Sitzen oft mit dem Schwanz.

Grauschnäpper

21 War es ein Haussperling?

(von 19)

Der Haussperling ist so verbreitet, daß die Antwort nicht schwerfallen dürfte. Gegebenenfalls unter 22 nachschlagen.

Ja [22] Nein [23]

22 HAUSSPERLING w

D 14,5 cm

(von 21)

Das Männchen (vgl. 36) hat auffallend schwarzes und graues Gefieder, das Weibchen dagegen ist völlig braun und weiß, mit gestreiftem Rücken und ungestreifter Brust, einem hellen Augenstreif und helleren Flügelbinden. Die äußerst gesellige Art lebt meistens in Städten, Dörfern und auf Bauernhöfen, nie jedoch in offenem Gelände. Beachtenswert der kräftige Schnabel.

Haussperling
Weibchen

23 ZAUNKÖNIG mw
WALDBAUMLÄUFER mw

D 9,5 cm
D 12,5 cm

(von 21)

Diese beiden kleinen Vögel sind leicht auseinanderzuhalten, und sei es nur, weil der Waldbaumläufer, der selten den Wald verläßt, anscheinend nichts anderes tut, als die Bäume hinaufzuklettern, Insekten zu suchen und dann wieder unten anzufangen.

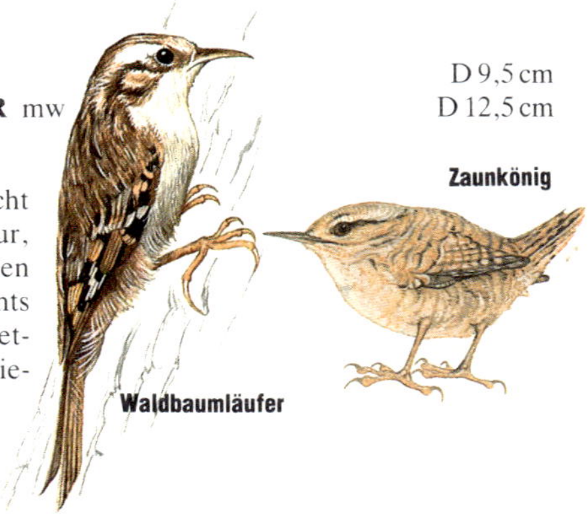

Zaunkönig

Waldbaumläufer

Den beliebten Zaunkönig mit seinem streifigen, angenehm braunen Gefieder und der helleren Unterseite sieht man manchmal, wenn er mit seinem kurzen, gestelzten Schwanz irgendwo sitzt. Öfter sieht man ihn knapp über dem Boden durch das Dickicht schwirren. Sein Gesang ist kräftig für seine Größe und von süßer Wehmut.

Der Waldbaumläufer hat als einziger unter den kleinen Vögeln einen langen, gebogenen Schnabel, außerdem eine weiße Brust und einen deutlichen Augenstreifen.

24 War der Vogel überwiegend (oder ganz) schwarz und weiß?

(von 3)

»Ja«, auch wenn nicht sehr viel Weiß zu sehen war und kleine andersfarbige (vor allem rote) Flächen vorkamen.

Ja [25] Nein [29]

25 War es eine Schwalbe oder ein schwalbenähnlicher Vogel?

(von 24)

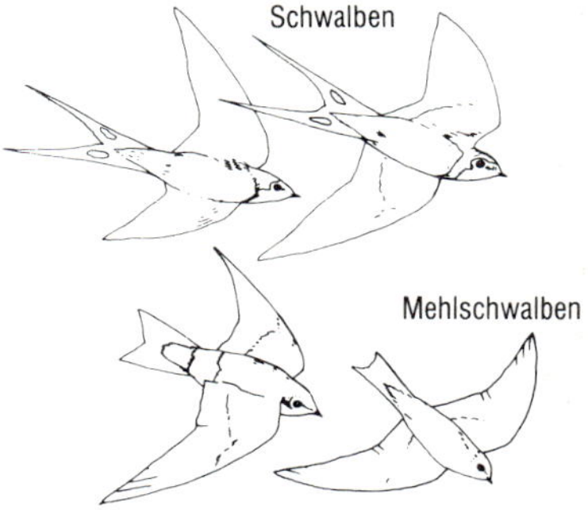

Schwalben und schwalbenähnliche Vögel sind Sommergäste mit sehr langen Flügeln und einem gegabelten Schwanz. Man sieht sie fast nur im schnellen Flug. Der Mauersegler ist keine Schwalbe, wird aber hier einbezogen, weil er ihr zweifellos sehr ähnlich ist.

Ja [89] Nein [26]

26 Hatte der Vogel einen langen Schwanz?

(von 25)

»Ja« nur dann, wenn der Schwanz etwa die halbe Körperlänge hatte.

Ja [27] Nein [28]

27

SCHWANZMEISE mw — D 14 cm
TRAUERBACHSTELZE m-w S-W — D 18 cm

(von 26 und 49)

Diese beiden sehr verschiedenen Arten sind kaum zu verwechseln. Die Schwanzmeise ist sehr klein; ohne den Löffelstiel-Schwanz wäre sie einer der kleinsten Vögel, die wir kennen. Sie ist überwiegend schwarz und weiß, aber Rücken und Bauch haben einen rosa Stich. Meistens huscht sie ruhelos zwi-

Schwanzmeise

Trauerbachstelze

schen kleinen Bäumen und Sträuchern umher.
Die weit häufiger vorkommende Trauerbachstelze bewegt sich meistens auf dem Boden, oft in der Nähe von Wasser oder menschlichen Behausungen. Sie wippt ständig mit dem Schwanz. Das Gefieder verändert sich je nach Geschlecht, Jahreszeit und Alter, ist aber immer eine Kombination aus Schwarz und/oder Schiefergrau und Weiß.
Bei beiden Vögeln Bogenflug.

28 (von 26)

HAUSROTSCHWANZ m — D 14 cm
TRAUERSCHNÄPPER m — So 13 cm
KLEINSPECHT m-w — D 14,5 cm

Wie die Abbildungen zeigen, weisen diese drei schönen Vögel deutliche Unterschiede auf. Das männliche Hausrotschwänzchen ist hauptsächlich schwarz mit nur etwas Weiß an Flügeln und Unterseite, unterscheidet sich aber von allen anderen schwarzweißen Arten durch den verräterisch auffallenden roten Schwanz. Das Weibchen hat ebenfalls einen roten Schwanz, ist aber weitgehend braungrau (vgl. 48). Dieser Vogel ist auch in Städten zu finden.
Das Trauerschnäppermännchen ist rein schwarz-weiß und meist leicht zu erkennen, weil es gerne gut sichtbar auf Zaunpfählen thront und diesen Platz nur für kurze Momente des Insektenfangs verläßt. Das Weibchen (vgl. 14) ähnelt ihm, ist aber braun und weiß.
Der Kleinspecht hält sich fast nur im Wald auf. Beide Geschlechter haben einen schwarzweiß gestreiften Schnabel, aber nur das Männchen hat einen auffallenden roten Scheitel. Dieser Specht unterscheidet sich von allen anderen durch seine geringe, nur buchfinkenähnliche Größe; andere Spechte

sind so groß wie eine Amsel, oder noch größer.
Die Schnäpper sind Sommergäste, ebenso wie der Hausrotschwanz, wenn auch einige Vögel im Winter bleiben. Die Spechte sind Jahresvögel.

29 Beschränkte sich die schwarze Befiederung auf den Kopf?

(von 24)

Eine Erläuterung erübrigt sich.

Ja 30 Nein 35

30 Gehörte der Vogel zur Familie der Meisen?

(von 29)

Meisen erkennt man, wenn man sie sich einmal angesehen hat, an der geringen Größe, der ziemlich runden Gestalt und ihren akrobatischen Turnereien. Die lebhaften Vögel bevorzugen den Wald, lieben aber auch die Nähe des Menschen und sind häufige Besucher von aufgestellten Vogelhäuschen.

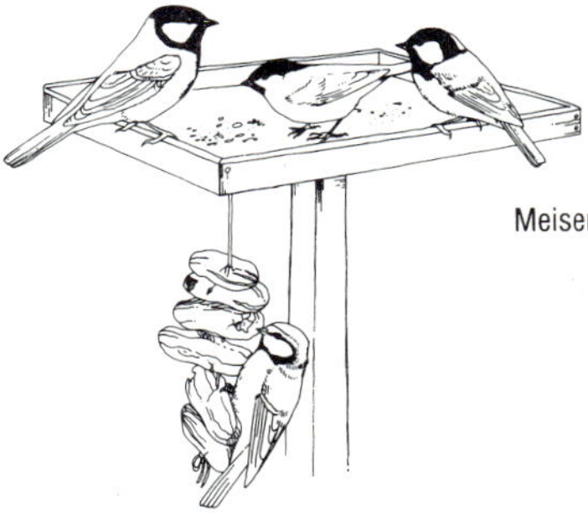

Meisen

Ja 31 Nein 32

31

(von 30)

TANNENMEISE mw D 11,5 cm
SUMPFMEISE mw D 11,5 cm
WEIDENMEISE mw D 11,5 cm

Die Kohl- und Blaumeise haben zwar eine schwarze Zeichnung, aber ihre Brust ist so leuchtend gelb, daß wir sie nicht unter »Schwarz«, sondern unter »Gelb« behandeln – vgl. 62.
Die Tannenmeise unterscheidet sich von Sumpf- und Weidenmeise durch den schiefergrauen (nicht braunen) Rücken, und von allen übrigen Meisen durch den gut erkennbaren weißen Fleck im Nacken.
Sumpf- und Weidenmeise haben beide einen schwarzen Scheitel und weiße Wangen, wie die Tannenmeise, aber der Rücken ist braun und das Kinn schwarz. Sie sind schwer zu unterscheiden. Das Haupterkennungsmerkmal ist wohl das schwarze Kinn der Weidenmeise, das etwas größer ist. Außerdem ist ihr Scheitel leuchtender schwarz.
Das beste Unterscheidungsmerkmal ist

der Gesang: bei der Sumpfmeise ein »Pitschu«; bei der Weidenmeise ein einsilbiges »Deeh, deeh«. Trotz der Namengebung besteht keine besondere Beziehung zu Sümpfen oder Weiden.

32 Hatte der Vogel eine rötliche Brust?

(von 30)

Eine Erläuterung erübrigt sich.

Ja [33] Nein [34]

33 **SCHWARZKEHLCHEN** m

D 13 cm

(von 32)

Schwarzkehlchen
Männchen

Das Männchen hat einen schwarzen Kopf, ein deutlich weißes Halsband und eine kastanienbraune Brust, das Weibchen (vgl. 57) einen braungesprenkelten Kopf, kein Halsband und eine hellere Brust. Beide Geschlechter weisen eine weiße Flügelzeichnung auf.
Schwarzkehlchen leben fast ausschließlich in der Heide, im hügeligen und bergigen Gelände; nur im Winter kommen sie gelegentlich auf die Felder.

34 **ROHRAMMER** ms / **MÖNCHSGRASMÜCKE** m

D 15 cm
D 14 cm

(von 32)

Das Rohrammermännchen ist im Sommer aufgrund des schwarzen Kopfes, des weißen Halsbandes und Bartstreifs, des kräftig gemusterten Rückens und der Flügel sowie der fast weißen Brust und Unterseite nicht zu verwechseln. Man trifft es fast immer im Röhricht, nur im Winter manchmal auf dem Feld, nämlich dann, wenn der Kopf dunkelbraun wird, und es sehr dem Weibchen ähnelt (vgl. 15).
Das Mönchsgrasmückenmännchen, ein Rohrsänger, ist an der schwarzen Kappe, dem graubraunen Rücken und der helleren Unterseite ebenfalls leicht zu erkennen. Aber es lebt im Wald oder Dickicht und ist weit öfter zu hören als zu sehen, obwohl es weniger »geheimnistuerisch« veranlagt ist als andere Rohrsänger. Der Gesang ist flötend und klarsilbrig. Das Weibchen ähnelt dem Männchen, hat aber eine braune Kappe (vgl. 18).

Rohrammer
Männchen
(Sommer)

Mönchsgrasmücke
Männchen

35 Gehörte der Vogel zur Familie der Sperlinge?

(von 29)

Man muß den Haussperling natürlich schon kennen, dem das einzige andere Familienmitglied stark ähnelt.

Ja 36 Nein 37

36 **HAUSSPERLING** m **FELDSPERLING** mw

D 14,5 cm
D 14 cm

(von 35)

Das Haussperlingsmännchen hat einen grauen Scheitel und ein schwarzes Kinn. Das Weibchen ist einfarbiger (vgl. 22). Der Feldsperling hat einen kastanienbraunen Scheitel, ein kleineres, schwarzes Kinn und auf jeder Wange einen schwarzen Fleck.
Unterscheidungsmerkmal dieser beiden Arten ist im allgemeinen der Lebensraum. Der gesellige Haussperling findet sich meist in der Nähe des Menschen, selbst in Großstädten. Der seltenere Feldsperling lebt im baumbestandenen Flachland oder Dickicht abseits des Menschen.

37 **STEINSCHMÄTZER** m-w

So 14,5 cm

(von 35 und 79)

Der stahlgraue Rücken und Scheitel des Steinschmätzermännchens sind noch eindrucksvoller als das Schwarz an Wangen, Flügeln und Schwanz. Das Weibchen ist vorwiegend braun-weiß, hat aber wie das Männchen ein schwarz-weißes, T-förmiges Schwanzmuster. Beide Geschlechter haben helle Überaugenstreifen und weiße Bürzel.
Der Steinschmätzer lebt in der Heide, in bergigem Gelände und an der Küste.

Steinschmätzer

38 Hatte der Vogel einen langen Schwanz?

(von 3)

»Ja«, wenn der Schwanz etwa die halbe Gesamtlänge des Vogels ausmacht.

Ja 97 Nein 39

39 Wo war der Vogel grau?

(von 38)

Von den fünf genannten Möglichkeiten sorgfältig die zutreffende aussuchen.

Nur Kopf [40] Nur Rücken [41] Scheitel und Rücken [42] Kopf und Brust [47] Allgemein grau [48]

40

HÄNFLING mS-mW
DORNGRASMÜCKE m

D 13,5 cm
So 14 cm

(von 39)

Diesen beiden grundverschiedenen Arten ist nur der graue Kopf gemeinsam. Das Hänflingmännchen, das überwiegend in freiem Gelände zu finden ist, hebt sich im Sommer durch rote Stirn und Brust ab, die im Winter nicht so hervorteten. Es ist größtenteils braun, hat einen grauen Kopf, eine weiße Flügelbinde und weiße Unterseite. Das Weibchen hat kein graues oder rotes Gefieder (vgl. 14).
Das Dorngrasmückenmännchen hat eine weiße Kehle, einen grauen Kopf und eine helle Unterseite. Ansonsten ist es bräunlich, die Flügel rotbraun, der Rükken graubraun. Auch hier hat das Weibchen kein graues Gefieder (vgl. 18).
Die Dorngrasmücke liebt Hecken, Dikkicht, zuweilen Gärten.

Hänfling
Männchen

Dorngrasmücke
Männchen

41

GIMPEL m-w
MÖNCHSGRASMÜCKE m-w

D 15 cm
D 14 cm

(von 39)

Diese beiden Arten sind leicht auseinanderzuhalten. Das Gimpelmännchen hat eine schöne rote Brust und Wangen, einen grauen Rücken, schwarzen Scheitel, schwarze Flügelspitzen und einen schwarzen Schwanz. Das Weibchen ist gedämpfter in den Farben, rosabraun und dunkelbraun, wo das Männchen rot bzw. grau ist. Das auffallendste Merkmal bei beiden ist wahrscheinlich trotzdem der weiße Bürzel, der erst dann zum Vorschein kommt, wenn man den Vogel beobachten kann, während er ins Heckengestrüpp oder Dickicht fliegt. Vorkommen: in Obstgärten und Gärten, in baum- und buschbestandenem Gelände.
Die Mönchsgrasmücke mit ihrem feinen Schnabel, dem braungrauen Rücken und der helleren Brust und Unterseite ist ganz anders. Nur die Kappe des Männchens ist schwarz, die des Weibchens ist braun. Die Mönchsgrasmücke ist nicht leicht zu beobachten, denn sie

hält sich meistens verborgen im Schutz junger Bäume und Büsche auf. Dies gilt vor allem für das Männchen, wenn es singt. Dennoch ist die Mönchsgrasmükke immer noch weniger scheu als andere Rohrsänger.

42 Hatte der Vogel eine rote oder rötliche Brust?

(von 39)

„Ja", wenn Sie irgend etwas Rotes auf der Vogelbrust entdeckt haben.

Ja 43 Nein 44

43 GARTENROTSCHWANZ m KLEIBER mw

So 14 cm
D 14 cm

(von 42)

Eine Verwechslung dieser beiden Arten ist kaum möglich. Das Gartenrotschwanzmännchen ist an seinem grauen Scheitel und Rücken, der weißen Stirn, der schwarzen Kehle sowie der roten Brust und dem roten Schwanz gut zu erkennen. Das Weibchen ist schlichter in den Farben (vgl. 58).
Der Kleiber hat Scheitel und Rücken von hellerem Grau, eine nicht so dunkle rote Brust und einen schwarzen Überaugenstreif und ist der einzige kleine Vogel mit einem so langen, geraden Schnabel. Der Lebensraum beider Arten sind baumbestandenes Gelände, Parks und Gärten. Der Kleiber, ein akrobatischer Kletterer, sucht unter der Baumrinde nach Insekten. Der Gartenrotschwanz fängt die Insekten, wenn er kurz von seinem Ast auffliegt.

44 Wo wurde der Vogel beobachtet?

(von 42)

„Offenes Gelände“ ist die richtige Antwort bei Moor, Heide, grasbedecktem Hügelland mit wenigen oder gar keinen Bäumen.

„Kein offenes Gelände“ gilt bei Hekken, Wald, Dickicht, Parks und Gärten.

Im offenen Gelände 45
Nicht in offenem Gelände 46

45 STEINSCHMÄTZER m

So 14,5 cm

(von 44 und 92)

Das Steinschmätzermännchen ist mit seinem stahlgrauen Scheitel und Rükken, dem weißen Bürzel, schwarzen Flügeln und schwarzem Schwanz und einem schwarzen Augenfleck sehr auffallend. Der Vogel lebt im Gebirge und Moor, kommt aber auch in grasbedecktem Hügelland und Dünen vor. Das Weibchen ist nicht so ausgeprägt gezeichnet (vgl. 37).

Steinschmätzer
Männchen

46 DORNGRASMÜCKE m / ZAUNGRASMÜCKE mw

So 14 cm
So 13,5 cm

(von 44)

Die beiden Arten sind wie alle Rohrsänger Sommergäste und schwierig auseinanderzuhalten. Die Zaungrasmücke ist wegen ihres ziemlich kurzen Schwanzes etwas kleiner und hat einen dunklen Augenfleck, der allerdings nicht sehr auffällig ist. Die Beine der Zaungrasmücke sind blaßbraun, während die der Dorngrasmücke schwarz wirken. Beide Arten haben eine weiße Kehle. Kopf und Rücken des Dorngrasmückenmännchens sind braungrau, die der Zaungrasmücke (Männchen und Weibchen) mehr grau; auch die Flügel der Zaungrasmücke sind grau.
Zur Unterscheidung: Das Dorngrasmückenweibchen hat kein graues Gefieder (vgl. 18).
Hauptunterscheidungsmerkmal der beiden ähnlichen Vögel ist der Gesang: bei

Dorngrasmücke
Männchen

Zaungrasmücke

der Dorngrasmücke ertönt ein hohes, schnell aufeinanderfolgendes »Wäd, wäd«, bei der Zaungrasmücke dagegen nur ein unmelodisches Rasseln. Beide Männchen unternehmen gelegentlich kurze Singflüge in geringer Höhe.

47

HECKENBRAUNELLE mw

D 14,5 cm

(von 39)

Heckenbraunelle

Die Heckenbraunelle hat einen grauen Kopf und eine graue Brust. Bemerkenswert der schlanke Schnabel.
Die Heckenbraunelle ist fast überall, sofern sie nur Schutz- und Deckungsmöglichkeiten findet.

48

HAUSROTSCHWANZ w

D 14 cm

(von 39)

Das Weibchen ist grau, hat aber einen leuchtend rotbraunen Schwanz. Das Männchen ist etwas hübscher (vgl. 28). Der Hausrotschwanz lebt in Städten, aber auch im felsigen Bergland. Überwiegend Sommergast, gelegentlich aber auch im Winter zu beobachten.

Hausrotschwanz
Weibchen

49

Hatte der Vogel einen ungewöhnlich langen Schwanz?

(von 3)

„Ja“, wenn der Schwanz über die Hälfte der Gesamtlänge ausmacht.

Ja 27 Nein 50

50

Hatte der Vogel eine rote Brust?

(von 49)

„Ja“, wenn das rote Gefieder ganz oder teilweise auf der Brust zu sehen ist.

Ja 51 Nein 58

51

Erstreckte sich die rote Befiederung auf den Kopf?

(von 50)

„Ja“ als Antwort, wenn Kopf und Brust in irgendeiner Form Rot aufweisen.

Ja 52 Nein 55

52 War es ein Rotkehlchen oder ein Buchfink?

(von 51)

Sondern wir zunächst diese beiden ungewöhnlich häufigen Vögel aus, die fast jeder kennt. Wenn nicht, zuerst bei 53 nachsehen, bevor man bei 54 weitermacht.

Ja [53] Nein [54]

53

ROTKEHLCHEN mw D 14 cm
BUCHFINK m D 15 cm

(von 52)

Rotkehlchen

Buchfink
Männchen

Diese beiden Arten sind zutraulich und oft in der Nähe menschlicher Behausungen zu finden.
Das Rotkehlchen ist der einzige Vogel mit einem so auffallenden Rot an Brust, Kehle und Wangen, ansonsten aber ausschließlich braunem Gefieder (bis auf die weißliche Unterseite).
Das Rot des Buchfinkenmännchens erstreckt sich im wesentlichen auf die gleichen Partien, tendiert aber zum Braunen hin. Zu erkennen ist es sofort am blaugrauen Scheitel und Nacken, dem grünbraunen Rücken, dem kräftigen Schnabel und der weißen Flügelzeichnung.
Das Buchfinkenweibchen ist insgesamt schlichter und hat kein rotes Gefieder (vgl. 14).

54

(von 52)

GIMPEL m-w D 15 cm
HÄNFLING mS-mW D 13,5 cm
BIRKENZEISIG mS D 13 cm
FICHTENKREUZSCHNABEL m D 16,5 cm

Gimpel sind ungewöhnlich schöne Vögel, vor allem das Männchen mit leuchtendroter Brust und roten Wangen, grauem Rücken, schwarzen Flügelspitzen und schwarzem Schwanz. Das Weibchen ist ähnlich gemustert, aber nicht so farbenprächtig – rötlich braun und dunkelbraun, wo das Männchen rot bzw. grau ist. Beide Geschlechter haben einen weißen Bürzel, der trotz der Farbigkeit oft das hervorstechendste Merkmal ist.

Das Hänflingmännchen hat im Sommer eine rote Brust und Stirn, die im Winter matter sind. Der überwiegend braune Vogel mit grauem Kopf, weißer Flügelbinde und heller Unterseite kommt hauptsächlich im offenen Gelände vor. Beim Weibchen fehlt das rote oder graue Gefieder (vgl. 14).
Das Birkenzeisigmännchen hat im Sommer eine ähnlich rote Brust und Stirn, abweichend aber ein schwarzes Kinn und kein graues Gefieder. Der Bürzel ist

rot. Im Winter verblaßt das Rot, und es sieht wie das Weibchen aus (vgl. 58).
Das Fichtenkreuzschnabelmännchen hebt sich durch seine fast völlig rote Färbung ab. Flügel und Schwanz sind dunkler gefärbt. Hält sich meist oben in Nadelbäumen auf, oft in kleinen Gruppen. Der gekreuzte Schnabel fällt kaum auf.
Das Weibchen ist grün (vgl. 67).

55 Erstreckte sich das rote Gefieder auf den Schwanz oder die Flügel?

(von 51)

»Ja«, wenn an Schwanz oder Flügeln und auf der Brust Rot vorhanden. »Nein«, wenn Rot nur auf der Brust.

Ja 56 Nein 57

56 **GARTENROTSCHWANZ** m **BERGFINK** mS-mW-w

So 14 cm
Wi 14,5 cm

(von 55)

Das Gartenrotschwanzmännchen ist sofort an der roten Brust und dem roten Schwanz, dem grauen Scheitel und Rükken, der weißen Stirn und der schwarzen Kehle zu erkennen. Auch das Weibchen hat einen roten Schwanz, ist aber ansonsten überwiegend graubraun.

Das Bergfinkenmännchen hat im Sommer einen unverwechselbar schwarzen Kopf und Rücken, ist aber, da ein Wintergast, selten hier zu sehen. Die schwarzen Partien werden im Winter braun; Weibchen und Männchen ähneln sich dann sehr. Bei beiden sind Brust und Schulter rot, der Bürzel weiß. Vorkommen: in Parks, Gärten, auf Feldern.

57

(von 55)

GARTENROTSCHWANZ m	So 14 cm
SCHWARZKEHLCHEN m-w	D 12,5 cm
BRAUNKEHLCHEN m-w	So 12,5 cm
KLEIBER mw	D 14 cm

Der männliche Gartenrotschwanz taucht hier auf für den Fall, daß der rote Schwanz übersehen wurde (vgl. 56).

Die anderen hier genannten Arten haben zwar keine auffallend rote, sondern eine rost- oder kastanienbraune Brust, die aber doch ihre Nennung hier rechtfertigt.

Das Schwarzkehlchenmännchen hat einen völlig schwarzen Kopf, ein weißes Halsband und eine rotbraune Brust, das Weibchen einen braungescheckten Kopf, kein Halsband und eine hellere Brust. Beide Geschlechter haben weiße Flügelzeichnung.

Die Braunkehlchen sind schöngezeichnete Vögel mit hellem Überaugenstreif, gestreiftem Rücken und weißen Flügelbinden. Das Männchen ist etwas dunkler als das Weibchen, seine Brust rötlicher.

Der Kleiber ist kaum mit einer anderen Art zu verwechseln. Er hat einen hellgrauen Scheitel und Rücken, eine blaßrote Brust, einen schwarzen Überaugenstreif und einen langen, geraden Schnabel. Er ist der einzige Vogel, der mit dem Kopf voraus an Bäumen herunterklettern kann.

Schwarz- und Braunkehlchen leben im Bergland und Moor oder im grasbedeckten Hochland und buschigen Ödland. Der Kleiber bevorzugt waldiges Gelände, Parks und Gärten.

58

(von 50)

HAUSROTSCHWANZ m-w — D 14 cm
GARTENROTSCHWANZ w — So 14 cm
BIRKENZEISIG mW-w — D 13 cm
BERGHÄNFLING m — D 13,5 cm

Hausrotschwanz

Gartenrotschwanz
Weibchen

Berghänfling
Männchen

Birkenzeisig

Das Rot beim Hausrotschwanz (beide Geschlechter) und Gartenrotschwanz (nur Weibchen) beschränkt sich auf den Schwanz. Das Gartenrotschwanzmännchen hat außerdem eine rötliche Brust (vgl. 56).
Das Hausrotschwanzmännchen ist ansonsten hauptsächlich rußschwarz mit etwas Weiß an Flügeln und Unterseite. Das Weibchen ist grauer.
Die Weibchen von Garten- und Hausrotschwanz ähneln sich, erstere sind allerdings mehr braungrau und ausschließlich Sommergäste.
Beim Birkenzeisigweibchen ist nur die Stirn rot, beim Männchen ebenfalls, aber nur im Winter; im Sommer hat das Männchen auch eine rote Brust (vgl. 54). Das schwarze Kinn unterscheidet den Birkenzeisig von allen anderen Arten. Diese beiden Merkmale sind unverändert, Größe und Farbe dagegen nicht.
Beim Berghänfling ist nur der Bürzel rot, beim Weibchen allerdings nicht (vgl. 15). Beide Geschlechter haben schwache Flügelbinden, unterscheiden sich aber bis auf den roten Bürzel sonst kaum.
Der Berghänfling liebt das offene Land, im Sommer die Berge und das Moor, im Winter häufig die freien Felder. Gartenrotschwanz und Birkenzeisig bevorzugen baumbestandenes Gelände, Gärten, Büsche und Parks. Der Hausrotschwanz ist in den rauheren Bergen, aber auch in Städten und Dörfern zu Hause.

59 War der Vogel besonders klein?

(von 3)

Mit »Ja« antworten, wenn er höchstens 9 cm groß war.

Ja 60 Nein 61

60 **WINTERGOLDHÄHNCHEN** m-w

D 9 cm

(von 59)

Das Wintergoldhähnchen ist einer der kleinsten heimischen Vögel. Im oft tannenbestandenen Waldgebiet huscht er ruhelos von Ast zu Ast. Er hat eine helle Unterseite, hebt sich aber durch seine grünbraune Färbung und seinen Scheitel ab. Letzterer ist das einzige Unterscheidungsmerkmal zwischen den Geschlechtern; das Männchen hat einen gelb-orangefarbenen, das Weibchen einen gelben, jeweils schwarzgeränderten Scheitel.

Wintergoldhähnchen

61 Gehörte der Vogel zur Familie der Meisen?

(von 59)

Meisen erkennt man, wenn man sie sich einmal eingeprägt hat, sofort an der kleinen, rundlichen Gestalt, dem akrobatischen Geschick und den oft leuchtenden Farben. Die lebhaften Vögel sind oft im Wald anzutreffen, aber sehr zutraulich.

Ja 62 Nein 63

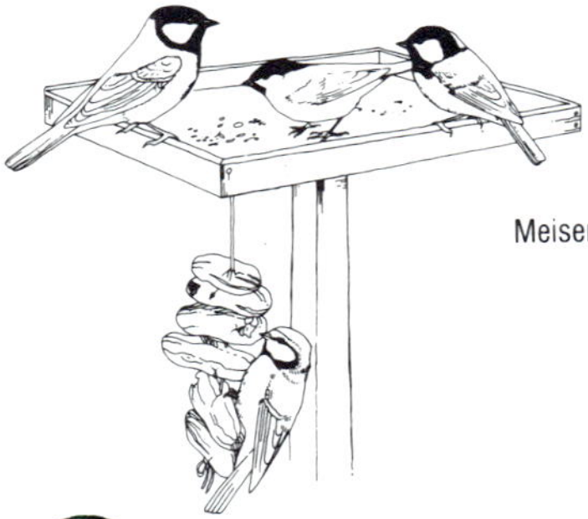
Meisen

62 **KOHLMEISE** mw **BLAUMEISE** mw

D 14 cm
D 11,5 cm

(von 3 und 61)

Dies sind die beiden einzigen Meisen mit einer leuchtendgelben Brust. Sie sind gut auseinanderzuhalten. Die deutlich größere Kohlmeise hat eine schwarze Kappe und Kehle und einen schwar-

zen Streifen, der mitten über die Brust nach unten läuft. Bei der Blaumeise sind Kappe, Flügel und Schwanz unverfälscht und eindeutig blau.

Manchmal werden Kohl- und Tannenmeise (vgl. 31) verwechselt; letztere ist jedoch eindeutig größer und hat keine gelbe Brust.

63 War es eine Grasmücke?

(von 61)

Die Grasmücken sind kleine Vögel mit dünnem Schnabel. Die scheuen Vögel halten sich fast immer versteckt. Die drei Arten mit gelblichem Gefieder sind auf buschiges und leicht bewaldetes Gelände beschränkt, das sie rastlos durchfliegen. Die Männchen zeigen sich gelegentlich, wenn sie singen.

Ja 64, Nein 65

64

(von 63)

ZILPZALP mw — So 11 cm
FITIS mw — So 11 cm
WALDLAUBSÄNGER mw — So 12,5 cm

Zilpzalp und Fitis sind sich praktisch gleich und nur am sehr unterschiedlichen Gesang zu erkennen. Beide haben eine grünbraune Unterseite, gelbliche Brust und einen hellen Augenstreif. Der Zilpzalp hat vielleicht etwas dunklere Beine, aber das ist nur sehr schwer auszumachen.
Der etwas größere Waldlaubsänger ähnelt den beiden, hat aber Brust, Gesicht und Augenstreif mit gelblicherem Einschlag und eine sehr viel hellere Unterseite. Er hält sich meist in höheren Baumregionen auf als die beiden anderen Arten.
Ihr Gesang läßt sich wie immer nur schwer beschreiben: Der Zilpzalp singt endlos und monoton seinen eigenen Namen, »Zilp-zalp«. Der Fitis dagegen schmettert seinen schmachtenden, langsam abfallenden Gesang hinaus. Der Gesang des Waldlaubsängers ist weniger auffallend, aber ganz anders: ein langgezogenes Trillern.

65 Hatte der Vogel einen langen Schwanz?

(von 63)

»Ja«, wenn der Schwanz fast die Hälfte der Gesamtlänge ausmacht.

Ja 191 Nein 66

66 Hatte der Vogel grünes Gefieder?

(von 65)

Mit »Ja« antworten, wenn man Grün mit oder ohne Gelb entdeckt hat.

Ja 67 Nein 68

67

GRÜNLING m-w D 14,5 cm
FICHTENKREUZSCHNABEL w D 16,5 cm

(von 66)

Der Grünfink (beide Geschlechter) und das Fichtenkreuzschnabelweibchen sind die einzigen kleinen Vögel mit viel grünem Gefieder.
Wegen des weit selteneren und deutlich größeren Fichtenkreuzschnabelweibchens vgl. 108.

Der Grünling liebt das offene Land, Felder mit vereinzelten Bäumen, Sträucher, Parks, Gärten und Hecken. Das Weibchen geht mehr ins Braune als das Männchen und ist nicht so stark gezeichnet. Beide Geschlechter haben gelbe Flügelflecken.

68 Hatte der Vogel ein leuchtendrotes Gesicht?

(von 66)

Die Frage bedarf keiner Erläuterung.

Ja 69 Nein 70

69

STIEGLITZ mw D 12 cm

(von 68)

Der bunte Stieglitz ist kaum mit einer anderen Art zu verwechseln. Der rot-weiß-schwarze Kopf fällt sofort ins Auge. Schwanz und Flügel sind schwarz.

Die Flügel haben besonders beim Flug gut sichtbare, leuchtend gelbe Binden. Der weiße Bürzel ist dagegen weniger erwähnenswert.
Der Stieglitz liebt Strauchwerk, Parks, Gärten, aber auch weite Felder, auf denen verstreute Bäume stehen. Er ernährt sich oft von Disteln.

70

GOLDAMMER m-w D 16,5 cm
ERLENZEISIG m-w D 12 cm

(von 68)

Die Goldammer ist ein Vogel der Felder und Hecken, der Waldränder und Lichtungen. Sie ist der einzige Vogel, der völlig braun und gelb erscheint. Das Männchen hat einen gelben, kräftig braun gezeichneten Kopf sowie eine gelbbraune Brust und Unterseite. Das Weibchen ist die schlichtere Ausgabe des Männchens.
Das im Vergleich zum Weibchen sehr viel kleinere Erlenzeisigmännchen hebt sich mit seinem schwarzen Scheitel und Kinn sowie mit dem Gelb von Gesicht und Brust von allen anderen Vögeln ab. Das schwächer gelbe Weibchen hat am Kopf kein Schwarz.
Der Erlenzeisig lebt vorwiegend in waldartigem Gelände, wagt sich aber im Winter bis in Parks und Gärten vor.

71 Wie groß war der Vogel?

(von 2)

Sie haben bereits erklärt, daß der Vogel größer als ein Buchfink war. War er auch größer als eine Amsel (25 cm)? Vögel, die fast Amselgröße erreichen, finden Sie unabhängig von der hier gegebenen Antwort.
Andere bekannte, ähnlich große Vögel sind die Singdrossel (23 cm) und die Misteldrossel (27 cm).

Amselgröße oder kleiner [72]
Größer als eine Amsel [109]

72 Welche Farbe hatte der Vogel?

(von 71)

Gefragt wird nur nach der Farbe des Gefieders; Schnabel und Beine interessieren nicht.
Viele Vögel sind braun oder braun und weiß. Sie sind oft sehr schwer zu bestimmen. Sieht also ein Vogel braun oder braun-weiß aus, unbedingt prüfen, ob noch andere Farben vorkommen.
Hat man nur Braun oder Braun-weiß entdeckt, bei 73 weitermachen. Andernfalls diese beiden Farben völlig außer acht lassen und sich ganz auf die andere noch vorkommende Farbe konzentrieren.
Vögel, die etwa braun-weiß und rot sind (Rotkehlchen), findet man unter dem Stichwort »Rot«, diejenigen, die rein schwarz und weiß sind, unter »Schwarz«.
Achtung: Einige Arten, die schwarz erscheinen, sind tatsächlich dunkelblau oder -braun, z. B. Schwalbe und Kormoran. Auch sie findet man unter »Schwarz«.

Nur braun oder braun-weiß [73]

Braun und Weiß außer acht lassen und bestimmen, welche der folgenden Farben vorherrschte:

Schwarz [88] Grau [96] Rot [101]
Gelb [106] Grün [108]

73 Gehörte der Vogel zur Familie der Eulen?

(von 72)

Eulen erkennt man fast immer sofort an dem großen Kopf, den großen Augen, dem flachen Gesicht, dem kurzen Hakenschnabel und den kräftigen Krallen. Sie können die Augen nicht unabhängig vom Kopf bewegen, müssen also immer den ganzen Kopf drehen. Eulen geben beim Fliegen keinerlei Laute von sich und sind meist in der Dämmerung oder im Dunkeln unterwegs.

Ja [74] Nein [75]

Eulen

74 **STEINKAUZ** mw

D 22 cm

(von 73 und 127)

Steinkauz

Wenn es eine Eule war, muß es ein Steinkauz gewesen sein, das einzige hiesige Mitglied dieser Familie mit Amselgröße oder kleiner. Man sieht diese Art, die nicht nur nachtaktiv lebt, auch bei Tage auf Pfählen sitzen. Der Steinkauz liebt das offene Land mit vereinzelten Bäumen, ist aber auch oft in der Nähe von Häusern zu finden.
Wegen der größeren Eulen vgl. 128.

75 Gehörte der Vogel zur Familie der Schnepfen?

(von 73)

Schnepfen sind an dem langen, dünnen Schnabel und dem schnellen Flug zu erkennen; man sieht sie kaum ruhen. Schnepfen findet man meist in Sumpfgelände, doch sie gehen auch in die Heide und das Bergland, was ihre Zuordnung zu den Landvögeln rechtfertigt.

Ja 76 Nein 77

76 **BEKASSINE** mw **ZWERGSCHNEPFE** mw

D 27 cm
Wi 19 cm

(von 75)

Diese beiden Arten sind, was Aussehen und Lebensraum angeht, sehr ähnlich, aber dennoch gut zu unterscheiden. Die kleinere Zwergschnepfe fliegt bei Störungen fast geradlinig auf, die Bekassine im Zickzack. Die Zwergschnepfe landet außerdem nach kurzem Flug wieder auf dem Boden, die Bekassine fliegt oft, bis man sie aus den Augen verliert.

Die Zwergschnepfe kommt nicht so häufig vor. Sie hat einen kürzeren Schnabel als die Bekassine und zeigt ein etwas dunkleres Braun.

77 Wie groß war der Vogel?

(von 75)

Sie haben erklärt, daß er größer als ein Buchfink (15 cm) aber nicht größer als eine Amsel (25 cm) war. Bestimmen Sie jetzt, ob es eher Buchfink – oder Amselgröße war. Die noch möglichen Arten sind fast alle entweder das eine oder das andere.

Eher Buchfinkgröße 78

Eher Amselgröße 86

78 Wo wurde der Vogel beobachtet?

(von 77)

»Offenes Gelände« als Antwort bei Feldern (mit vereinzelten Bäumen vielleicht), grasbewachsenem Bergland, buschigem Ödland, Heide, Moor und Gebirge.

»Nicht in offenem Gelände« als Antwort bei Hecken, Dickicht, Wald, Parks und Gärten.

Offenes Gelände 79

Nicht in offenem Gelände 85

79 Hatte der Vogel einen auffallend weißen Bürzel?

(von 78)

Mit »Ja« antworten, wenn man einen auffallend weißen Bürzel (und außerdem ein, allerdings weniger auffallendes, schwarz-weißes Schwanzmuster) an dem Vogel bemerkt hat.

Ja 37 Nein 80

80 War der Vogel sehr scheu?

(von 79)

Mit »Ja« antworten, wenn der Vogel in hohem Gras, einem Kornfeld oder Strauchwerk verborgen war und erst im letzten Moment aufflog.

Ja 81 Nein 82

81 **WACHTEL** w

So 18 cm

(von 80)

Wachteln sind gedrungen. Das Weibchen ist völlig braun-weiß, das Männchen hat dazu einen schwarzen Fleck auf der Kehle (vgl. 94). Beide Geschlechter haben einen gestreiften Kopf. Sie verlassen die Deckung nur widerwillig und fliegen dann tief mit schnellen Flügelschlägen.

Wachtel Weibchen

82 Welche Form hatte der Schnabel?

(von 80)

Alle kleineren Vögel haben entweder ziemlich dünne und schlanke oder relativ dicke, kräftige Schnäbel (vgl. Abbildung).
Die Schnabelform ist ein nützlicher Anhaltspunkt bei der Bestimmung eines Vogels und Sie sollten sich immer wieder vornehmen, darauf zu achten. Können Sie sich nicht entscheiden, so suchen Sie sicherheitshalber unter beiden Stichworten.

Dünner Schnabel 83
Kräftiger Schnabel 84

83 War es eine Lerche oder ein Pieper?

(von 82)

Die vier noch in Frage kommenden Arten – zwei Lerchen und zwei Pieper – sind nicht leicht auseinanderzuhalten, da sie alle braungesprenkelt und etwa gleich groß sind. Charakteristisch für alle Männchen außerdem der hohe Singflug, wenn auch mit deutlichen Unterschieden.
Die beiden Lerchen haben eine Haube, die zwar manchmal kaum wahrnehmbar ist, den Kopf aber doch gedrungener erscheinen läßt. Sie haben außerdem eine aufrechtere Haltung, einen kräftiger gestreiften oder gesprenkelten Rükken, einen stärkeren Schnabel und einen auffälligeren hellen Augenstreif. Die Pieper sind schlanker und haben einen kürzeren Schwanz.

Lerchen [11] Pieper [12]

84

(von 82)

ROHRAMMER mW-w D 15 cm
GRAUAMMER mw D 18 cm
SCHNEEAMMER m-w Wi 16,5 cm

Rohrammern erkennt man am kräftig gemusterten Kopf. (Achtung: Das Männchen hat im Sommer einen schwarzen Kopf, vgl. 94.) Man findet sie fast immer im Röhricht, im Winter wandern sie manchmal auf die Felder und in die Nähe menschlicher Behausungen.
Die Grauammer ist ein höchst unscheinbarer Vogel. Er ist gleichmäßig braun gestreift, wirkt plump und hat einen kurzen, kräftigen Schnabel. Füße im Flug oft niederhängend. Der Gesang ist das beste Erkennungsmerkmal, er ähnelt, wenn er wieder einmal von einem Zaunpfahl oder Telegrafenmasten herab ertönt, dem Klirren eines Schlüsselbundes.
Weder Rohr- noch Grauammer sind mit der Schneeammer zu verwechseln, einem Wintergast. Ihr Winterkleid wirkt weitgehend weiß mit der weißen Brust, weißen Unterseite und Flügeln, die auch fast zur Hälfte weiß sind. Vorkommen meist an der Küste und häufig in Scharen.

85 **NACHTIGALL** mw So 16,5 cm

(von 78)

Die scheue Nachtigall hält sich in Sträuchern und Büschen verborgen, ist daher weit öfter zu hören als zu sehen. Das Gefieder ist unauffällig braun, die Unterseite weißlich, der Schwanz rostbraun. Herrlicher, abwechslungsreicher Gesang, der meist nachts, aber auch am Tage zu hören ist.

86 Gehörte der Vogel zur Familie der Drosseln?

(von 77)

Drossel und Amsel kennt fast jeder. Alle anderen Familienmitglieder ähneln ihnen sehr und sind leicht zu erkennen: etwa die gleiche Größe, ein breiter Schwanz, ein dünner Schnabel. Alle sind ausgezeichnete Sänger.

Ja 87 Nein 130

87
(von 86 und 125)

AMSEL w D 25 cm
SINGDROSSEL mw D 23 cm
MISTELDROSSEL mw D 27 cm
RINGAMSEL So 24 cm

Das Amselweibchen ähnelt dem Männchen, ist aber dunkelbraun statt schwarz und ihr Schnabel ist nicht so gelb wie seiner. (Zum Männchen vgl. 91.) Die Brust ist nur schwach gesprenkelt.
Sing- und Misteldrossel sehen sich sehr ähnlich. Ihr Gefieder zeigt ein deutlich helleres Braun und zahlreiche, ins Auge fallende Tupfer. Die größere Misteldrossel hat einen mehr ins Graubraune gehenden Rücken, Flecken, die von der Brust und Kehle bis zu den Wangen reichen, und weiße Außenschwanzfedern. Sie kommt außerdem eher im offenen Gelände vor, obwohl man sie auch in Gärten, Parks und Waldgelände antrifft. Sie fliegt sehr hoch und läßt ihren charakteristischen, rüttelnden Gesang dabei hören.
Das Ringamselweibchen unterscheidet sich klar von den anderen. Es kommt nur im Moor und Gebirge vor. Der Sommergast hat außerdem einen sichtbaren weißen Halbmond auf der braungesprenkelten Brust. Das Männchen ist bis auf den weißen Halbmond schwarz (vgl. 93).
Die im Winter in Scharen auftretenden Wacholderdrosseln und Rotdrosseln ähneln den anderen Drosseln stark und sind überwiegend bräunlich, doch wird erstere unter den grauen (vgl. 100), letztere aber unter den roten Vögeln (vgl. 104) behandelt.

88
(von 72)

War es eine Schwalbe oder ein schwalbenähnlicher Vogel?

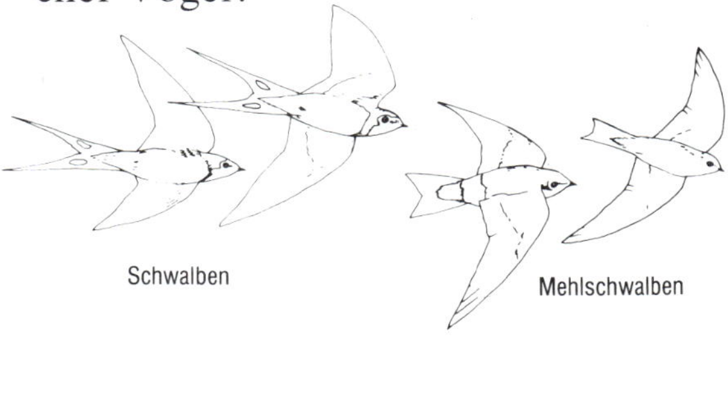

Schwalben und schwalbenähnliche Vögel sind Sommergäste mit sehr langen Flügeln und gegabeltem Schwanz. Sie sind fast nur im Flug zu beobachten.
Der Mauersegler ist keine Schwalbe. Er wird hier nur behandelt, weil er zweifellos ähnlich aussieht und oft mit der Schwalbe verwechselt wird.

Ja 89 Nein 90

89
(von 25 und 88)

RAUCHSCHWALBE mw So 19 cm
MEHLSCHWALBE mw So 12,5 cm
MAUERSEGLER mw So 16,5 cm

Der Laie hält diese drei Sommergäste oft nicht auseinander, was aber nicht so schwierig ist.
Die rote Kehle der Rauchschwalbe sieht man nur selten. Was sie jedoch deutlich abhebt, sind die sehr langen Schwanzfedern, die beim Flug deutlich sichtbar sind. (Die in diesem Jahr geschlüpften jungen Rauchschwalben haben aber noch einen kurzen Schwanz wie die Mehlschwalben).
Auch die kleinere Mehlschwalbe ist leicht zu erkennen – am deutlich sichtbaren weißen Bürzel. Beide Arten haben eine weiße Unterseite.
Der (im Vergleich zur Rauchschwalbe) an Körperlänge, aber nicht an Spannweite kleinere Mauersegler erscheint bis auf das weiße Kinn völlig schwarz und hat einen steiferen, direkteren Flug mit schnellerem, regelmäßigerem Schlag. Er ist überwiegend in Städten und Dörfern anzutreffen, wo er kreischend um die Häuser fliegt.
Die Nistgewohnheiten dieser Arten sind ein gutes Erkennungsmerkmal. Die Mehlschwalbe baut ihr Nest unter dem überhängenden Dach der Häuser. Die Rauchschwalbe baut ein offenes Nest auf einem Balken oder Vorsprung fast immer im Innern eines Hauses. Der Mauersegler zieht einen Kamin oder hohlen Baum vor.
Von nahem betrachtet ist der Mauersegler eher dunkelbraun als schwarz, die Rauch- und die Mehlschwalbe sind dunkelblau. Da jedoch alle drei schwarz wirken, werden sie hier aufgeführt.

90

War der Vogel völlig schwarz?

(von 88)

»Ja«, wenn der Vogel völlig schwarz war oder schwarzes Gefieder mit grünlich-purpurnem Schimmer hatte.

Ja 91 Nein 92

91 **AMSEL** m D 25 cm
STAR mwS-mwW D 21,5 cm

(von 90 und 139)

Das Amselmännchen kennt fast jeder – der einzige tiefschwarze Vogel mit leuchtendgelbem Schnabel. Das Weibchen sieht ähnlich aus, ist aber dunkelbraun und der Schnabel sticht nicht so gelb hervor (vgl. 87).
Der kleinere Star wirkt zwar schwarz, ist tatsächlich aber dunkelbraun. Bei heller Beleuchtung schimmert das Gefieder manchmal grünlich-purpurn, vor allem in der Brutzeit. Oder es ist im Winter leicht weißlich gesprenkelt, wenn der Star seinen gelben Schnabel verliert. Der Star ist außergewöhnlich gesellig. Ganze Scharen halten sich meistens in Dörfern und Städten in der Nähe des Menschen auf, vor dem sie keine Scheu haben.

92 Welche Farbe haben Sie sonst noch bemerkt?

(von 90)

Die Farbe angeben, die außer Schwarz allein oder überwiegend zu sehen war:

Grau [45] Weiß [93] Braun [94] Grün [95]

93 **KLEINSPECHT** m-w D 14,5 cm
BUNTSPECHT m-w D 23 cm
RINGAMSEL m So 24 cm

(von 92)

Die beiden Spechte ähneln sich zwar, unterscheiden sich aber aufgrund ihrer Größe. Der Kleinspecht ist nicht größer als ein Buchfink, der Buntspecht hat fast Amselgröße. Beide Weibchen sind ausschließlich schwarz-weiß, die Männchen außerdem noch tiefrot, der Kleinspecht am Scheitel, der Buntspecht im Nacken und unter dem Schwanz.
Die beiden Spechte und das Ringamselmännchen sind kaum zu verwechseln. Erstere sieht man fast immer an Baumstämmen oder im Wald, die Ringamsel (ein Sommergast) dagegen liebt das of-

Buntspecht

Männchen

Weibchen

Ringamsel
Männchen

fene Gelände, vor allem die Berge und das Moor. Das Ringamselmännchen sieht wie ein Amselmännchen aus, hat aber auf der Brust einen auffallenden, weißen Halbmond. Wichtig: Auch das ansonsten braune Weibchen hat einen weißen Halbmond, der allerdings nicht so auffällig ist (vgl. 87).

94 ROHRAMMER mS — STEINSCHMÄTZER w — WACHTEL m

(von 92)

D 15 cm
So 14,5 cm
So 18 cm

Rohrammer
Männchen
(Sommer)

Steinschmätzer
Weibchen

Wachtel
Männchen

Diese drei Arten sind leicht zu unterscheiden. Das Rohrammermännchen hat im Sommer einen völlig schwarzen Kopf, weißes Halsband und »Schnurrbart«, kräftig gemusterten Rücken und Flügel und eine weißliche Brust und Unterseite. Vorkommen fast nur im Röhricht, im Winter manchmal auf Feldern. Im Winter wird der Kopf des Männchens dunkelbraun, so daß es dem Weibchen sehr ähnelt (vgl. 84).
Das Steinschmätzerweibchen wirkt oft völlig braun und weiß, weil man das schwarz-weiße T-Muster am Schwanz häufig übersieht. Der nur im offenen Gelände vorkommende Vogel hat einen weißen Bürzel und einen weißen Augenstreif, der allerdings nicht so sehr auffällt. Das Gefieder des Männchens ist auffälliger gefärbt (vgl. 99).
Die Wachtel, ein Sommergast, ist plump und rundlich. Sie liebt hohes Gras und Kornfelder und verläßt diese Deckung nur ungern. Wenn sie aus ihrer Deckung aufgescheucht wird, fliegt sie tief und mit schnellen Flügelschlägen davon. Das Männchen hat an der Kehle einen schwarzen Fleck, der beim Weibchen fehlt (vgl. 81), und einen stärker gestreiften Kopf.

95 STAR mwS-mwW

D 21,5 cm

(von 92)

Der Star ist kleiner als eine Amsel und wirkt schwarz, schimmert aber bei hellem Licht manchmal grünlich-purpurn, vor allem in der Brutzeit, wenn der Schnabel besonders gelb ist.
Der sehr gesellige Vogel lebt oft in großen Scharen auf dem Land, in Dörfern und in Städten. Er hat keine Scheu vor dem Menschen und findet sich für gewöhnlich in dessen Nähe.

96 Hatte der Vogel einen langen Schwanz?

(von 72)

Mit »Ja« antworten, wenn der Schwanz fast die halbe Körperlänge ausmacht.

Ja 97 Nein 98

97 TRAUERBACHSTELZE m-w S-W D 18 cm
GEBIRGSSTELZE mS-mW-w D 18 cm

(von 38, 96 und 189)

Diese beiden Stelzen sind kaum zu verwechseln. Die häufigere Trauerbachstelze ist immer grau und weiß mit schwarzen Partien, die nach Alter, Geschlecht und Jahreszeit unterschiedlich sind.
Bei der Gebirgsstelze sticht die gelbe Brust ins Auge. Kopf, Rücken und Schwanz sind grau. Im Sommer hat das

Trauerbachstelze

Männchen ein schwarzes Kinn, das im Winter weißlich wird, so daß es dem Weibchen fast gleicht.
Beide Arten laufen viel und gerne. Sie wippen mit dem Schwanz. Die Gebirgsstelze hält sich meist in der Nähe von Wasser auf, die Trauerbachstelze findet man überall. Bei beiden Bogenflug.
Die grünköpfige Schafstelze ist sehr viel seltener. Sie hat zwar ebenfalls eine gelbe Brust, aber keinen grauen Rücken (vgl. 191).

98 War der Vogel deutlich kleiner als eine Amsel?

(von 96)

Mit »Ja« antworten, wenn er etwa Buchfinkgröße hatte, mit »Nein«, wenn er so groß wie eine Amsel oder größer war.

Ja 99 Nein 100

99

(von 98)

HECKENBRAUNELLE mw — D 14,5 cm
GIMPEL m-w — D 15 cm
STEINSCHMÄTZER m — So 14,5 cm

Die Heckenbraunelle hat einen grauen Kopf und eine graue Brust. Der Schnabel ist schlank. Man findet sie fast überall, wo etwas Deckung vorhanden ist. Die Heckenbraunelle wirkt etwas schmuddelig und ist daher kaum mit den beiden anderen prächtigen Arten zu verwechseln.
Die Gimpel und das Steinschmätzermännchen sind leicht auseinanderzuhalten. Der Steinschmätzer ist in der Heide und in den Bergen zu Hause, die Gimpel ziehen Obstgärten, Gärten, Gesträuch und Hecken vor.
Das Gimpelmännchen ist mit seiner leuchtendroten Brust, dem grauen Rükken und Scheitel, den schwarzen Flügelspitzen und dem schwarzen Schwanz außergewöhnlich prachtvoll. Das Weib-

chen ist die abgeschwächte Version – rötlichbraun und dunkelbraun, wo das Männchen rot bzw. grau ist. Trotz der Farbigkeit ist der Bürzel bei beiden oft das beste Unterscheidungsmerkmal.
Das Steinschmätzermännchen hat wie sein bräunliches Weibchen (vgl. 94) ebenfalls einen weißen Bürzel. Sein stahlgrauer Scheitel und Rücken, die schwarzen Flügel, der schwarze Schwanz und ein schwarzer Augenfleck sind sehr markant. Der Vogel bewohnt Moor und Heide, aber auch grasiges Hügelland und Sanddünen.

100

WACHOLDERDROSSEL mw — Wi 25 cm
MISTELDROSSEL mw — D 27 cm
REBHUHN m-w — D 30 cm

(von 98 und 135)

Wacholder- und Misteldrossel sind eindeutig Drosseln und daher nicht mit dem Rebhuhn zu verwechseln, welches ein Jagdvogel ist.
Der graue Kopf und Bürzel der Wacholderdrossel fallen sofort ins Auge, nicht aber der graue Scheitel und Rücken der Misteldrossel. Unterschiede sind ansonsten vor allem die kräftiger getupfte Brust der größeren Misteldrossel, und daß die Wacholderdrossel fast nur in Scharen vorkommt, die Misteldrossel dagegen fast immer allein oder paarweise. Beide Arten fühlen sich im offenen grasigen Gelände am wohlsten. Der rasselnde Zugruf der Misteldrossel ist weit charakteristischer als das »Schack... schack... schack« der Wacholderdrossel.
Das Rebhuhn sieht ganz anders aus – braun und weiß mit grauer Brust und orangebraunem Gesicht und Hals. Das Männchen hat ein rostrotes Hufeisen auf der Unterbrust, das beim Weibchen nur selten oder gar nicht zu finden ist. Rebhühner kommen normalerweise in Ketten vor. Wenn sie aus ihrer Deckung (hohes Gras oder Kornfelder) aufgescheucht werden, fliegen sie geräuschvoll auf.

101 Wo war der Vogel rot?

(von 72)

Wählen Sie aus den vier Möglichkeiten diejenige aus, die am ehesten zutrifft:

Nur Brust 102 Brust und Flügel 103
Unterflügel 104 Überwiegend rot 105

102 **GIMPEL** m-w

D 15 cm

(von 101)

Das Gimpelmännchen ist ausgesprochen schön: leuchtendrote Brust, grauer Rücken und Scheitel, schwarze Flügelspitzen und schwarzer Schwanz. Das Weibchen ist das farblich abgeschwächte Abbild des Männchens: rötlich- und dunkelbraun, wo das Männchen rot bzw. grau ist.
Trotz der auffälligen Färbung ist bei beiden Geschlechtern oft der weiße Bürzel das auffallendste Merkmal, wenn der Vogel nur kurz beim Wegfliegen beobachtet wurde.
Gimpel sieht man meistens in Obstgärten, Gärten, Strauchwerk und Hecken, kaum im offenen Gelände.

Gimpel

103 **BERGFINK** mS-mW-w

Wi 14,5 cm

(von 101)

Das Bergfinkmännchen hat im Sommer einen schwarzen Kopf und Rücken, ist aber, da ein Wintergast, so nur selten zu sehen. Die schwarzen Partien werden im Winter braun, so daß es dem Weibchen sehr ähnelt. Bei beiden erstreckt sich das Rot der Brust bis zu den Schultern; beide haben einen weißen Bürzel.
Vorkommen: in Parks und Gärten, auf Feldern, oft in Scharen zusammen mit anderen Finken.

Bergfink

104 ROTDROSSEL mw

Wi 21 cm

(von 101)

Die Rotdrossel ist eine der beiden Drosseln – die andere ist die Wacholderdrossel –, die in Scharen ankommt und den Winter bei uns verbringt. Von den anderen Drosseln unterscheidet sie sich durch die roten Flanken und Unterflügel, den hellen Augenstreif und die relativ geringe Größe. Anzutreffen meist auf Feldern oder in Bäumen.

Rotdrossel

105 FICHTKENKREUZSCHNABEL m

D 16,5 cm

(von 101)

Das Fichtenkreuzschnabelmännchen hebt sich durch sein leuchtendes Rot ab. Flügel und Schwanz sind dunkelrot. Anzutreffen meistens in der Spitze von Nadelbäumen. Der gekreuzte Schnabel fällt kaum auf.
Das Weibchen ist grün (vgl. 108)!

Fichtenkreuzschnabel

106 Hatte der Vogel einen sehr langen Schwanz?

(von 72)

»Ja«, wenn der Schwanz fast die Hälfte der Gesamtgröße ausmacht.

Ja [191] Nein [107]

107 GOLDAMMER m-w

D 16,5 cm

(von 106)

Die Goldammer kommt auf Feldern und in Hecken, am Waldrand und auf Lichtungen vor. Keine andere Art sieht so ausschließlich braun und gelb aus. Das Männchen hat einen leuchtendgelben Kopf mit grober brauner Zeichnung, gelb-braune Brust und Unterseite. Das Weibchen ist ein farblich abgeschwächtes Abbild des Männchens.

Goldammer

108 FICHTENKREUZSCHNABEL w

D 16,5 cm

(von 72)

Das Fichtenkreuzschnabelweibchen wirkt insgesamt grün mit dunkleren Flügeln. Es ist im allgemeinen oben in Nadelbäumen in kleinen Scharen anzutreffen. Der gekreuzte Schnabel ist kaum sichtbar.

Das Männchen ist rot (vgl. 105)! Das gemeinsame Auftreten von grünen und roten Vögeln deutet also auf den Fichtenkreuzschnabel hin.

Fichtenkreuzschnabel
Weibchen

109 Wie groß war der Vogel?

(von 71)

Sie haben erklärt, er war größer als eine Amsel (25 cm). War er auch größer als eine Saatkrähe (46 cm)? Vögel, die etwa so groß wie eine Saatkrähe sind, finden Sie unabhängig von der hier gegebenen Antwort.

Andere Vögel in der ungefähren Größe einer Saatkrähe sind Taube (41 cm), Elster (46 cm) und Rabenkrähe (47 cm).

So groß wie Saatkrähe oder kleiner [110]
Größer als Saatkrähe [150]

110 War es ein Eichelhäher?

(von 109)

Sondern wir zunächst den prächtigen, lauten Eichelhäher aus, der sich nirgendwo einordnen läßt (vgl. 111).

Ja [111] Nein [112]

111 EICHELHÄHER mw

D 34 cm

(von 110)

Der Eichelhäher hat überwiegend rötlichbraunes Gefieder. Seine verläßlichsten Kennzeichen sind der weiße Bürzel und Flügelbinden. Schwanz, Flügelspitzen und der »Schnurrbart« sind schwarz. Sie sind nicht so leicht zu übersehen wie die unauffällige Haube und die blauschwarzen Flügelfedern.
Bogenflug. Aufmerksam wird man meistens zuerst durch das häßliche, laute Kreischen. Vorkommen in Parks und Gärten, aber auch in bewaldetem oder freierem Gelände mit Bäumen.

Eichelhäher

112 Gehörte der Vogel zur Familie der Tauben?

(von 110)

Die bekannte Ringeltaube gehört zur Familie der Tauben; andere Mitglieder weisen starke Ähnlichkeit auf, auch wenn sie stets kleiner sind und manchmal ganz andere Farben tragen. Tauben sind schwerfällig, haben spitze Flügel und fliegen schnell. Alle gurren sehr individuell.

Ja 113 Nein 116

Taube

Ringeltaube

113 Welche Farbe hatte die Taube?

(von 112)

Alle Wildtauben fallen in eine der beiden unten genannten Kategorien.
In Städten sieht man oft große Ansammlungen halbzahmer Tauben mit allen möglichen Farbkombinationen von Blau-grau, Purpur, Schwarz, Zimtrot, Braun und Weiß. Man nennt sie verwilderte Tauben. Es handelt sich dabei um Abkömmlinge der Haustaube, die in die Freiheit gelangten und sich nun kreuzen, oft mit der Felsentaube (vgl. 289), ihrer eigenen Stammart.
Verwilderte Tauben gelten allgemein nicht als eigene Art.

Überwiegend blau-grau/purpurn 114
Überwiegend braun/bräunlich 115

114 RINGELTAUBE mw HOHLTAUBE mw

D 41 cm
D 33 cm

(von 113)

Die weit häufigere Ringeltaube ist größer und hat weiße Halsflecken und Flügelbinden. Die Hohltaube hat kein Weiß, ist kompakter und fliegt mit schnellen Schlägen und direkter.
Die Felsentaube wird bei den Wasservögeln abgehandelt (vgl. 289), weil sie in der Wildform praktisch nur an der Küste zu finden ist. Unter den verwilderten Tauben können den Felsentauben gleiche Vögel vorkommen (vgl. 113). Sie ähneln den Hohltauben sehr, haben aber einen weißen Bürzel.

Ringeltaube Hohltaube

115 TÜRKENTAUBE mw TURTELTAUBE mw

D 32 cm
So 27 cm

(von 113)

Die Türkentaube kommt weit häufiger und meist in Scharen vor, oft in der Nähe des Menschen, wo sie ausreichend gefüttert und zum Teil domestiziert wird. Die Turteltaube dagegen bevorzugt Parks und Gärten oder offenes Gelände mit vereinzelten Bäumen. Sie ist deutlich dunkler gefärbt als die sandfarbene Türkentaube.
Ansonsten unterscheiden sich diese Arten durch ihr Nackenband und die Stimme. Die Türkentaube hat ein weißgerändertes Nackenband und gurrt dreimal mit Betonung der zweiten Silbe. Die Turteltaube trägt am Hals ein Muster aus weißen Flecken und schwarzen Streifen. Ihr Gesang ähnelt oft mehr einem Schnurren.

Türkentaube

Turteltaube

116 War es ein Raubvogel (außer einer Eule)?

(von 112)

Es stehen drei Falken, zwei Weihen und ein Sperber zur Wahl. Wenn sie sitzen, sind sie an den kurzen, gebogenen Schnäbeln und mächtigen Krallen zu erkennen, aber meistens sieht man sie im Flug, wo der lange Schwanz und der kurze Hals ein unverwechselbares Flugbild bieten.

Ja [117] Nein [123]

117 Welche Farben hat der Raubvogel?

(von 116)

Es müßte ein leichtes sein, die am ehesten zutreffende Farbkombination zu bestimmen.

Nur Braun-Weiß [118]
Braun und Blaugrau [121]
Überwiegend Grau [122]

118 Wie groß war der Raubvogel?

(von 117)

Die Frage bedarf keiner Erläuterung.

Größe einer Saatkrähe (46 cm) [119]
Eindeutig kleiner als Saatkrähe [120]

119 **KORNWEIHE** w **WIESENWEIHE** w

D 51 cm
So 46 cm

(von 118)

Diese beiden Weibchen sind sehr schwer zu unterscheiden. Beide sind selten, vor allem die Wiesenweihe, ein Sommergast. Sie ist etwas kleiner, der weiße Bürzel nicht ganz so auffallend. Ansonsten hält man sich am besten an die viel kleineren Männchen, falls sie zufällig in ihrer Gesellschaft sind, wenngleich auch sie sich ziemlich stark ähneln (vgl. 122).

Beide Arten haben den gleichen Lebensraum: Sie lieben offenes Gelände, Moor, Sümpfe und gelegentlich auch Felder.

Wegen der noch selteneren Rohrweihe vgl. die Ergänzungsliste.

Kornweihe
Weibchen

Wiesenweihe
Weibchen

120 (von 118)

TURMFALK w — D 34 cm
MERLIN w — D 33 cm
SPERBER w — D 38 cm

Rücken und Schwanz des Turmfalkweibchen sind rötlichbraun mit dunkelbraunen Streifen. Das Merlinweibchen hat einen braunen Rücken und einen weißgestreiften Schwanz. Das Sperberweibchen ist an der gestreiften Brust und Unterseite zu erkennen.
Vgl. 121 wegen der Hauptunterschiede dieser drei Arten. Zwei der Weibchen sind größer als die Männchen.

121 (von 117)

TURMFALK m — D 34 cm
MERLIN m — D 27 cm
SPERBER m — D 28 cm

Das Merlinmännchen unterscheidet sich von den beiden anderen durch seine geringe Größe – es ist nur etwas größer als eine Amsel.
Merlin- und Turmfalkmännchen haben einen blaugrauen Kopf und Schwanz. Der Rücken des Merlinmännchens ist völlig grau.
Das Sperbermännchen hat im wesentlichen die gleichen grauen Partien wie der Merlin, aber eine gestreifte Brust und Unterseite.
Zwei der drei Männchen sind kleiner als ihre Weibchen.

Hat der Vogel gerüttelt, muß es ein Turmfalk gewesen sein, der häufigste der drei.
Turmfalk und Merlin sind Falken, die immer lange, spitze Flügel haben. Beim Sperber sind die Flügel kürzer und stumpfer.
Die beiden Falken erkennt man sofort am Habitat. Der Merlin ist im Moor und baumlosen, offenen Gelände zu Hause, der Turmfalk bevorzugt die Flur, Klippen und Felder mit vereinzelten Bäumen.
Sperber erkennt man oft an der ihnen eigenen Art zu jagen. Sie fliegen nah am Boden an einer Hecke entlang, blitzschnell über sie hinweg und stoßen auf der anderen Seite auf ihre Beute nieder. Sie lieben bewaldetes Gelände, sind aber oft in Städten zu finden.

122

(von 117)

WANDERFALK m — D 38 cm
WANDERFALK w — D 48 cm
KORNWEIHE m — D 43 cm
WIESENWEIHE m — So 41 cm

Der Wanderfalk unterscheidet sich von den beiden Weihen durch die langen, spitzen Flügel (immer ein deutliches Falken-Merkmal) und den schnellen, manchmal akrobatischen Flug, oder beim Jagen durch das Niederstoßen auf die Beute in der typischen Anker-Form. Die Geschlechter sind bis auf den erheblichen Größenunterschied fast gleich.
Die Weihen sind keine so guten Flieger. Beide sind hellgrau und haben schwarze Flügelspitzen. Einziger wirklicher Unterschied zwischen ihnen sind die schwarze Flügelbinde auf dem Oberflügel, die schwach gestreifte braune (nicht weiße!) Unterseite und das Fehlen des weißen Bürzels bei der Wiesenweihe. Die bräunlichen Weibchen sind größer (vgl. 119).
Beide Weihen lieben offenes Gelände, Moor, Sümpfe, manchmal Felder. Der Wanderfalk hat ähnliche Vorlieben, ist aber noch öfter im Wald oder baumbestandenen Ödland zu finden. Man sieht jedoch auch an breiten Flußmündungen und an der Küste, vor allem dort, wo Klippen sind.
Wegen der selteneren Rohrweihe vgl. die Ergänzungsliste.

123 Welches war die Hauptfarbe des Vogels?

(von 116)

Alle Nebenfarben außer acht lassen und nur die vorherrschende Farbe angeben:

Braun [124] Schwarz [138] Weiß [145]
Grau [148] Grün [149]

124 Welche Farbe haben Sie sonst noch bemerkt?

(von 123)

Geben Sie an, ob Sie außer Braun eine andere Farbe bemerkt haben:

Nur Braun-Weiß [125]
Grau [135] Schwarz [137]

125 Gehörte der Vogel zur Familie der Drosseln?

(von 124)

Amsel und Drossel kennt fast jeder. Alle anderen Familienmitglieder sind ihnen sehr ähnlich und leicht zu erkennen: Sie haben in etwa die gleiche Größe und Gestalt, einen breiten Schwanz, einen dünnen Schnabel und sind meist gute Sänger.

Ja [87] Nein [126]

Drosseln

126 Gehörte der Vogel zur Familie der Eulen?

(von 125)

Eulen erkennt man fast immer sofort an dem großen Kopf, den großen Augen, dem flachen Gesicht, dem kurzen Hakenschnabel und den kräftigen Krallen. Sie können die Augen nicht unabhängig vom Kopf bewegen, müssen also immer den ganzen Kopf drehen. Eulen fliegen lautlos und sind meist in der Dämmerung oder nachts unterwegs.

Ja [127] Nein [129]

Eulen

127 Wie groß war der Vogel?

(von 126)

Die Frage bedarf keiner Erläuterung.

Ungefähr die Größe einer Amsel [74]
Deutlich größer als eine Amsel [128]

128

(von 127)

SCHLEIEREULE mw — D 34 cm
WALDOHREULE mw — D 36 cm
SUMPFOHREULE mw — D 38 cm
WALDKAUZ mw — D 38 cm

Die Schleiereule ist leicht von den anderen zu unterscheiden, weil sie so hell ist. Wenn man ihr in der Dämmerung begegnet, oder sie von den Scheinwerfern eines Autos ausgestrahlt wird, so erscheint sie völlig weiß. Auch an dem herzförmigen Gesicht ist sie leicht zu erkennen. Gewöhnlich wird sie in Verbindung mit alten Gebäuden, vor allem Kirchen und Scheunen gebracht. Ihr Ruf ist ein schauerlicher Schrei.

Die Waldohreule ist – wie der Name schon sagt – an den langen Federohren zu erkennen. Sie ist schlanker als die anderen Eulen und hat ein längliches Gesicht. In der Dämmerung kann man sie über Feldern jagen sehen. Tagsüber schläft sie in Bäumen. Besonders gern sitzt sie auf Nadelbäumen. Ihr Schrei ist tief und klagend.

Die Sumpfohreule schreit normalerweise nicht und jagt als einzige Eule auch am Tage. Ihr bestes Unterscheidungsmerkmal zum Waldkauz ist der Lebensraum: Sie liebt das offene Land, Sümpfe, Moor und Berge, der Waldkauz dagegen Wälder, Parks und Gärten, oft in der Nähe von Häusern; er lebt sogar in Städten.

Dem Waldkauz begegnet man am häufigsten. Sein Ruf ist ein charakteristisches »Huh... huh... huhuh«. Er schläft am Tag, normalerweise in einem Laubbaum, und meistens ist er es, wenn kleine Vögel eine Eule entdeckt haben und sie lärmend umflattern.

Wegen der überwiegend weißen, sehr viel selteneren Schnee-Eule vgl. die Ergänzungsliste.

Schleiereule

Waldohreule

Sumpfohreule

Waldkauz

129 Wo haben Sie den Vogel gesehen?

(von 126)

Wählen Sie den zutreffendsten Lebensraum aus. „Feuchtland" bedeutet feuchtes oder sumpfiges Gelände jeder Art.

Freie Felder (und Getreidefelder) [130]
Feuchtland [131] Waldgelände [132]
Berg und Moor [133]

130

REBHUHN m-w — D 30 cm
GOLDREGENPFEIFER mwW — D 28 cm
WACHTELKÖNIG mw — So 27 cm

(von 86 und 129)

Diese drei Arten sind leicht auseinanderzuhalten. Das Rebhuhn, ein Jagdvogel, ist braun-weiß und hat eine graue Brust. Gesicht und Hals sind orangebraun. Das Männchen hat ein rostrotes Hufeisen auf der Unterbrust, das Weibchen normalerweise nicht, oder jedenfalls nicht sehr ausgeprägt. Rebhühner kommen normalerweise in Ketten vor. Werden sie aus ihrer Deckung (hohes Gras, Kornfelder) aufgescheucht, so fliegen sie geräuschvoll und mit schnellen Flügelschlägen auf.

Der Goldregenpfeifer ist im Winter braun mit weißlicher Brust und Unterseite. Dann zieht er aus Moor und Bergen auf die trockenen freien Felder oder an Flußmündungen, wo er in Scharen zu sehen ist. Im Sommer ist er kräftiger gemustert (vgl. 137).

Viele Vögel hört man oft, sieht sie aber selten. Den Wachtelkönig aber sieht man praktisch nie, obwohl sein lautes, schnarrendes »Rerrp, rerrp« ununterbrochen ertönen kann, sogar nachts. Aber wenn man ihn mitten in einer hohen Wiese aufscheuchen will, wo er fast immer singt, wird man nur selten Glück haben. Wenn, dann fliegt er mit hängenden Beinen ein kurzes Stück auf der Wiese weiter und fängt trotzig sofort wieder an zu singen. Sein Äußeres ist unauffällig.

131
(von 129)

BEKASSINE mw — D 27 cm
WALDSCHNEPFE mw — D 34 cm
ROTSCHENKEL mw — D 28 cm
HELLER WASSERLÄUFER mw — D 30 cm

Alle vier Arten haben lange Schnäbel, die Bekassine den längsten, die Waldschnepfe den zweitlängsten. Diese beiden Arten weisen starke Familienähnlichkeiten auf, allerdings ist die Waldschnepfe kompakter und deutlich größer. Ihr eigentliches Zuhause ist bewaldetes Gelände, doch trifft man sie auch in feuchten freien Gebieten. Verglichen mit der Bekassine hat sie stumpfe Flügel. Beide Arten haben kräftig gemusterte Köpfe.

Zum Vergleich Bekassine und Zwergschnepfe vgl. 76.

Bekassine und Waldschnepfe singen nicht, letztere nur bei der Dämmerbalz.

Rotschenkel und heller Wasserläufer lassen im Flug ein dreisilbiges »Piep...piep...piep« hören. Beide Arten haben einen auffallenden weißen Bürzel. Beim Rotschenkel erkennt man im Flug ein breites, weißes Band an der Hinterkante der Flügel. Der Rotschenkel ist rötlichbraun, der helle Wasserläufer heller und grauer.

Der Rotschenkel hebt sich durch seine leuchtendroten Beine ab. Auch der Schnabel ist rot, hat aber eine schwarze Spitze. Die ebenso langen Beine des hellen Wasserläufers sind bräunlich. Sein grauer Schnabel ist leicht nach oben gebogen.

Bekassine

Waldschnepfe

Rotschenkel

Heller Wasserläufer

132 **WALDSCHNEPFE** mw / **NACHTSCHWALBE** m-w

D 34 cm
D 27 cm

(Von 129)

Die Waldschnepfe, die einen sehr langen, auffälligen Schnabel hat, sieht man wahrscheinlich am ehesten bei der Dämmerbalz während der Brunst. Dann fliegt sie, ohne die sonst üblichen Zickzacklinien, dicht über den Bäumen und stößt alle paar Sekunden zwei unmelodische Laute aus, denen ein Krächzen folgt. Ansonsten sieht man sie meistens, wenn sie im Wald aufgescheucht wird.
Die Nachtschwalbe ist bei Tageslicht praktisch nie zu sehen. Sobald die Sonne untergegangen ist, beginnt sie mit ihrem schnurrenden Gesang, durch den man normalerweise erst auf sie aufmerksam wird. Dann erhebt sie sich in die Lüfte und jagt still nach Insekten, wobei sie fast wie ein Falke aussieht. Männchen und Weibchen sehen fast gleich aus.

133 Hatte der Vogel sehr lange Beine und einen langen Schnabel?

(von 129)

Mit »Ja« antworten, wenn der Vogel schlicht braun war und lange Beine und einen sehr langen, nach unten gebogenen Schnabel hatte. Mit »Nein«, wenn es ein Jagdvogel mit Beinen und einem Schnabel normaler Länge war.

Ja 214 Nein 134

134 **SCHOTTISCHES MOORHUHN** m-w / **ALPENSCHNEEHUHN** wS

D 40 cm
D 35 cm

(von 133)

Beide Arten sind Jagdvögel mit kurzem Schnabel, schwerem Körper und kurzen, abgerundeten Flügeln. Wenn sie aufgescheucht werden, fliegen sie geräuschvoll auf. Sie sind leicht zu unterscheiden, denn das Schottische Moorhuhn ist das ganze Jahr über braun, während das Alpenschneehuhn an Flügeln und Unterseite größere weiße Flächen hat, die sich im Herbst ausbreiten, bis es schließlich im Winter fast ganz weiß ist (vgl. 147).
Man findet das Schottische Moorhuhn, das oft in der Kette vorkommt, fast immer in Heidegelände. Das Alpenschneehuhn ist in den Alpen, Schottland und Norwegen zu Hause.
Alpenschneehuhnmännchen und -weib-

chen ähneln sich, doch ist das Männchen im Sommer graubraun (vgl. 136), das Weibchen eher rotbraun. Der rote Augenfleck ist beim Männchen ausgeprägter. Auch Männchen und Weibchen des schottischen Moorhuhns sehen sich sehr ähnlich, aber auch hier ist der Augenfleck beim Männchen auffallender; die kleinere Henne ist heller und kräftiger gestreift. Das Birkhuhnweibchen ist ganz ähnlich ähnlich, geht aber mehr ins Graue (vgl. 136).

135 Gehörte der Vogel zur Familie der Drosseln?

(von 124)

Amsel und Drossel kennt fast jeder. Alle anderen Familienmitglieder sind ihnen sehr ähnlich und leicht zu erkennen: Sie haben in etwa die gleiche Größe und Gestalt, einen breiten Schwanz und einen dünnen Schnabel.

Ja [100] Nein [136]

136

(von 135)

REBHUHN m-w D 30 cm
BIRKHUHN w D 41 cm
ALPENSCHNEEHUHN mS D 35 cm

Diese drei Jagdvögel sind außer an der Größe auch am Standort zu erkennen. Das Rebhuhn ist auf Feldern und Äkkern zu Hause. Das Birkhuhn bevorzugt das Hochland, karge Felder, Moor und im Winter Birkenwälder. Das Alpenschneehuhn findet man fast immer oberhalb der Baumgrenze.
Das Rebhuhn unterscheidet sich erheblich von den beiden anderen Arten. Es ist braun-weiß und hat eine graue Brust. Gesicht und Hals sind orangebraun. Das Männchen hat ein rostrotes Hufeisen auf der Unterbrust, das Weibchen normalerweise nicht. Rebhühner kommen meist in Ketten vor und fliegen nur sehr widerwillig von ihrem Versteck im hohen Gras oder in Kornfeldern auf; wenn

sie es einmal tun, dann geräuschvoll und mit schnellen Schlägen.
Das Birkhuhnweibchen ähnelt dem Schottischen Moorhuhn, ist jedoch graubraun und auffallend gestreift. Das Alpenschneehuhnmännchen unterscheidet sich im Sommer von ihm durch die weißen Federn an Flügeln und Unterseite. Das Weibchen hat im Sommer ähnliche weiße Partien, ist aber eher rötlichbraun, das Männchen graubraun. (Wegen des Winterkleides vgl. 147.) Wegen des deutlich unterschiedenen Birkhuhnmännchens vgl. 163.

137 GOLDREGENPFEIFER mwS

D 28 cm

(von 124)

Der Goldregenpfeifer ist im Sommer am weißgeränderten Schwarz an Wangen, Kehle und Unterseite gut zu erkennen; dann hält er sich in den Bergen und im Moor auf. Im Winter ist er ziemlich unscheinbar braun (vgl. 130) und zieht ins Flachland. Er ist ein Flugkünstler und lebt gern in Scharen.
Zu beachten ist, daß die Waldschnepfe zwar einige schwarze Federn hat, die aber so unauffällig sind, daß man den Vogel leicht für gänzlich braun-weiß hält (vgl. 131).

138 Welche Farbe ist Ihnen sonst noch aufgefallen?

(von 123)

Haben Sie außer Schwarz eine andere Farbe bemerkt? Welche?

Nur Schwarz [139] Weiß [141]
Grau [144]

139 Wie groß war der Vogel?

(von 138)

Die Frage bedarf keiner Erläuterung.

Amselgröße oder kleiner [91]
So groß wie eine Saatkrähe [140]

140 **RABENKRÄHE** mw D 47 cm
SAATKRÄHE mw D 46 cm

(von 139)

Raben- und Saatkrähe sind nicht leicht auseinanderzuhalten. Die erwachsene Saatkrähe hat am Schnabelansatz einen weißlichen Fleck, der jedoch beim Jungtier fehlt. Er fällt jedoch zu keiner Zeit sehr auf, und beide Arten sind ansonsten völlig schwarz und auch etwa gleich groß.

Hauptunterscheidungsmerkmal ist das Krächzen. Bei der Rabenkrähe ist es ein dreifaches »Krah, krah, krah«, die Saatkrähe hat eine vielfältigere Stimme. Sie ist außerdem geselliger und nistet in Kolonien. Rabenkrähen nisten für sich und sind meist allein oder als Paar zu beobachten.

141 Wie groß war der Vogel?

(von 138)

Die Frage bedarf keiner Erläuterung.

Etwa so groß wie eine Amsel [142]
Etwa so groß wie eine Saatkrähe [143]

142 (von 141)

BUNTSPECHT m-w — D 23 cm
RINGAMSEL m — So 24 cm
KIEBITZ mw — D 30 cm

Diese drei sehr unterschiedlichen Arten sind als die einzigen schwarz-weißen Landvögel dieser Größe hier zusammengefaßt.
Der Buntspecht lebt ausschließlich in Laub- und Nadelwäldern. Beide Geschlechter haben gestreiftes Gefieder und einen roten Fleck unter dem Schwanz, aber nur das Männchen hat einen roten Nacken. Man sieht ihn für gewöhnlich auf Baumstümpfen sitzen oder durch den Wald fliegen. Der Kleinspecht sieht ähnlich aus, ist jedoch – wie der Name schon sagt – kleiner (vgl. 93).

Die Ringamsel ist vor allem in den Bergen und im Moor zu Hause. Das Männchen sieht wie eine Amsel aus, unterscheidet sich aber von ihr durch den weißen Halbmond auf der Brust. Auch das ansonsten braune Weibchen hat einen (schwächeren) weißen Halbmond (vgl. 87).
Der Kiebitz ist auffallend schwarz-weiß gefiedert. Die schwarze Oberseite des Gefieders schimmert in der Sonne grünlich. Er hat eine Haube. Meistens lebt er in Scharen auf Feldern, Grasland und im Moor.

Buntspecht

Männchen — Weibchen

Ringamsel

Männchen

Kiebitz

143 ELSTER mw / AUSTERNFISCHER mw

D 46 cm
D 43 cm

(von 141)

Beide Arten sind auffallend buntgescheckt, aber man erkennt die Elster sofort an dem sehr langen Schwanz.
Der Austernfischer, normalerweise ein Küstenvogel, brütet auch gelegentlich im Landesinnern. Er ist leicht am langen, roten Schnabel und den langen, rosaroten Beinen zu erkennen.

Elster

Austernfischer

144 NEBELKRÄHE mw / DOHLE mw

D 47 cm
D 33 cm

(von 138)

Die Nebelkrähe ist sehr viel größer und grauer, während sich das Grau bei der Dohle auf Kopf und Hals beschränkt.
Dohlen halten sich oft in der Nähe des Menschen auf, die Nebelkrähe dagegen ist scheu. Bis auf das graue Gefieder gleichen sie – im Lebensraum, der Stimme und dem Aussehen – den Rabenkrähen (vgl. 140), mit denen sie sich manchmal kreuzen.

Nebelkrähe

Dohle

145 Gehörte der Vogel zur Familie der Möwen?

(von 123)

Möwen sieht man meistens am Wasser, manche Arten aber auch im Landesinnern – daher ihre Zuordnung zu den Landvögeln. Möwen erkennt man im allgemeinen an der völlig weißen Unterseite sowie an dem Perlgrau des Rükkens und der Flügeloberseite, das bei einigen größeren Arten allerdings schwarz oder dunkelgrau ist (vgl. 153). Sie haben lange, elegante Flügel, einen starken Schnabel und Schwimmfüße.

Ja [146] Nein [147]

Möwen

146 LACHMÖWE mwS-mwW D 37 cm
STURMMÖWE mw D 41 cm

(von 145)

Das sind die beiden einzigen hier besprochenen Möwen, die kleiner als eine Saatkrähe sind. Die Lachmöwe hat im Sommer einen schokoladenbraunen Kopf, der sich im Winter weiß färbt, mit Ausnahme eines kleinen braunen Augenflecks.
Unter den Möwen im Landesinnern ist die Lachmöwe die bei weitem verbreitetste. Sie ist an der geringeren Größe, dem eleganteren Flug, den schmaleren Flügeln und dem leuchtenden Rot von Schnabel und Beinen zu erkennen. Die Beine der Sturmmöwe sind grünlich gelb.

Lachmöwe
(Winter)

Lachmöwe
(Sommer)

Sturmmöwe

147 SCHLEIEREULE mw — D 34 cm
ALPENSCHNEEHUHN mW-wW — D 35 cm

(von 145)

Obwohl die Schleiereule braun-weiß ist, handeln wir sie an dieser Stelle ab, denn sie wirkt in der Dämmerung oder dem Licht eines Scheinwerfers oft weiß. Aber ohne Frage ist sie eine Eule.
Etwas Gegensätzlicheres als ein Alpenschneehuhn ist kaum denkbar. Im Sommer sind beide Geschlechter überwiegend braun, werden aber im Winter bis auf etwas Schwarz am Schwanz reinweiß. Das Männchen hat im Winter auch noch einen kleinen, schwarzen Augenstreif. Man sieht sie selten unterhalb einer Höhe von 600 m.

Schleiereule

Alpenschneehuhn

148 KUCKUCK mw — So 33 cm

(von 123)

Kuckuck

Der überall bekannte Gesang des Kukkuckmännchens zeigt an, daß ein Vogel dieser Art in der Nähe ist. Sieht man kurz darauf einen einzelnen falkenähnlichen Vogel ziemlich tief davonfliegen, war es höchstwahrscheinlich ein Kukkuck.
Beide Geschlechter sind normalerweise grau; nur die Unterseite ist weiß und hat braune Querstreifen. Sehr selten ist eine völlig braune, überall stark gestreifte Form (nur Weibchen und Jungtiere).
Der Sommergast ist in vielen Habitaten zu Hause.

149 KIEBITZ mw — D 30 cm
GRÜNSPECHT m-w — D 32 cm

(von 123)

Wirkte der Vogel überwiegend grün, kann es ein Kiebitz gewesen sein, der zwar schwarz-weiß ist, dessen schwarzes Gefieder aber bei strahlender Sonne grünlich schimmert. Der Kiebitz hat eine Haube und ist in Sümpfen und auf freien Feldern zu Hause.
Wahrscheinlich aber ist es ein Grünspecht gewesen, der einzige wirklich grüne Vogel dieser Größe; nur der Scheitel (bei beiden Geschlechtern) und der »Schnurrbart« des Männchens sind tiefrot. Er ähnelt dem Kiebitz nicht im geringsten und ist im allgemeinen in Wäldern oder baumreichen Parks und Gärten anzutreffen.

Kiebitz

Grünspecht

150 Hatte der Vogel einen langen Schwanz?

(von 109)

»Ja«, wenn der Schwanz fast die Hälfte der Gesamtlänge oder mehr ausmachte.

Ja [151] Nein [152]

151 ELSTER mw — D 46 cm
FASAN m — D 77 cm
FASAN w — D 58 cm

(von 150)

Diese beiden sehr unterschiedlichen Arten haben nur den langen Schwanz gemein.
Die sehr häufige Elster ist rein schwarz-weiß; das schwarze Gefieder schimmert manchmal grünlich. Sie verläßt unerschrocken die Deckung und ist oft in Parks und Gärten in der Nähe des Menschen zu sehen.
Der Fasan dagegen, ein Jagdvogel, bleibt bis zuletzt in Deckung und fliegt dann mit einem Surren auf. Manchmal

kann man ihn aber auch in einiger Entfernung bei der Futtersuche auf Wiesen und Feldern beobachten. Bei beiden Geschlechtern gibt es erhebliche Abweichungen von der angegebenen Durchschnittsgröße. Die Henne ist schlicht braungescheckt. Der Hahn, der einen noch längeren Schwanz hat, ist mit seinem blau-grünen Kopf und dem roten Augenfleck unverwechselbar.

Einige Fasanenmännchen haben ein weißes Band um die Kehle, andere ein gelblicheres Gefieder. Es sind jedoch keine eigenen Arten.

152 Gehörte der Vogel zur Familie der Möwen?

(von 150)

Möwen sieht man meistens am Wasser, manche Arten aber auch im Landesinnern – daher ihre Zuordnung zu den Landvögeln. Möwen erkennt man im allgemeinen an der völlig weißen Unterseite sowie an dem Perlgrau des Rükkens und der Flügeloberseite, das bei einigen größeren Arten allerdings schwarz oder dunkelgrau ist. Sie haben lange, spitze Flügel, einen starken Schnabel und Schwimmfüße.

Ja 153 Nein 154

Möwen

153

(von 152)

STURMMÖWE mw — D 41 cm
SILBERMÖWE mw — D 61 cm
HERINGSMÖWE mw — D 54 cm
MANTELMÖWE mw — D 66 cm

Von den fünf häufig im Landesinnern vorkommenden Möwen wird die Lachmöwe hier nicht behandelt, weil sie deutlich kleiner als eine Saatkrähe ist (vgl. 146). Die Sturmmöwe ist zwar auch kaum größer, wird aber oft mit der Silbermöwe verwechselt und daher hier erwähnt.
Sturm- und Silbermöwe haben eine weiße Unterseite, einen perlgrauen Rücken und schwarze Flügelspitzen mit weißen Flecken. Sie unterscheiden sich vor allem in der Größe und dem gedrungeneren Schnabel der Silbermöwe, der zudem noch einen kleinen roten Fleck trägt. Außerdem hat die Sturmmöwe hellgelbe Beine, die Silbermöwe fleischfarbene.
Mantel- und Heringsmöwe unterscheiden sich von den beiden anderen, weil der gesamte Rücken und die Oberflügel schwarz bzw. dunkelgrau sind. Auseinanderhalten lassen sie sich außerdem anhand der unterschiedlichen Größe und des weit schwereren Schnabels der Mantelmöwe.

154 War es ein Schwan oder eine Gans?

(von 152)

Schwäne und Süßwassergänse sind in erster Linie Wasservögel, manchmal aber auch weiter entfernt vom Wasser zu sehen und daher hier erwähnt. Zu erkennen sind sie sofort am sehr langen Hals und der Größe. Die reinweißen Schwäne sind größer als die Gänse und haben einen längeren Hals. Die Süßwassergänse sind vorwiegend graubraun und können einen schwarzen Hals haben.

Schwan [225] Gans [226]
Weder noch [155]

155 Welche Farbe hatte der Vogel?

(von 154)

Geben Sie an, welche dieser vier Farbgruppen zutrifft:

Braun oder braun-weiß [156]
Schwarz oder schwarz-weiß [161]
Schwarz und grau [164]
Schwarz und braun [165]

156 War der Schnabel sehr lang?

(von 155)

Mit »Ja« antworten, wenn der Schnabel ungewöhnlich lang und nach unten gebogen und die Beine sehr lang waren.

Ja [157] Nein [158]

157 GROSSER BRACHVOGEL mw D 56 cm

(von 156)

Es muß ein großer Brachvogel gewesen sein. Der ähnlich aussehende Regenbrachvogel ist viel kleiner (vgl. 214). Aufmerksam auf diesen großen Vogel wird man allerdings meistens zuerst durch den lauten Gesang. Hebt sich von allen anderen Stelzvögeln sofort durch seine Größe ab. Nur schwach sichtbarer weißer Bürzel. Der große Brachvogel lebt an Küsten und in Sümpfen, aber auch auf Feldern.

Großer Brachvogel

158 War es ein Raubvogel?

(von 156)

Raubvögel erkennt man, wenn sie sitzen, am kurzen Hakenschnabel und den kräftigen Krallen. Meistens sieht man sie jedoch im Flug, wo der lange Schwanz und kurze Hals ein typisches Flugbild ergeben.

Ja 159 Nein 160

Raubvögel

159

(von 158)

MÄUSEBUSSARD m D 51 cm
MÄUSEBUSSARD w D 56 cm
KORNWEIHE w D 51 cm
WIESENWEIHE w So 46 cm

Der Mäusebussard, der von Hellbraun bis fast Schwarz alle Schattierungen annehmen kann, unterscheidet sich von den Weihen durch den schweren, adlerähnlichen Bau. Er hat stark befiederte Beine und einen gestreiften Schwanz. Bevorzugt Waldgelände; nur im Winter manchmal auf Feldern. Rüttelt gelegentlich.
Die beiden Weihenweibchen sind nicht leicht auseinanderzuhalten. Die seltenere Wiesenweihe ist etwas kleiner und hat einen unauffälligeren weißen Bürzel. Am besten lassen sich die beiden Arten anhand der Männchen unterscheiden, falls diese in ihrer Gesellschaft sind, wenngleich sich auch die überwiegend hellgrauen Männchen ähneln (vgl. 122). Beide Arten sind im offenen Gelände, Moor, Sumpf, manchmal auf Feldern zu Hause. Wegen der noch selteneren Rohrweihe vgl. die Ergänzungsliste.

Mäusebussard
Helle Form
Dunkle Form
Kornweihe
Weibchen
Wiesenweihe
Weibchen

160 **FASAN** w D 58 cm
AUERHUHN w D 62 cm

(von 158)

Der weit verbreitetere Fasan kommt auf Feldern, im Gesträuch und bewaldeten Gelände vor, das Auerhuhn nur im Hügelland und Gebirge.
Die Fasanenhenne ist sofort am langen Schwanz und dem sehr viel schlankeren Körperbau zu erkennen. Sie ist braungesprenkelt mit hellerer Unterseite. Das kräftig gestreifte Auerhuhn ähnelt zwar dem Schottischen Moorhuhnweibchen (vgl. 134), ist aber weit größer und hat einen rötlichen Brustfleck. Die Männchen beider Arten sind sehr charakteristisch (vgl. 151 und 165).

161 Gehörte der Vogel zur Familie der Krähen?

(von 155)

Krähen kennt fast jeder, und die drei möglichen Arten, die alle tiefschwarz sind, zeigen echte Familienähnlichkeit.

Ja [162] Nein [163]

162 **SAATKRÄHE** mw D 46 cm
RABENKRÄHE mw D 47 cm
KOLKRABE mw D 64 cm

(von 161)

Saat- und Rabenkrähe sind schwer auseinanderzuhalten. Die erwachsene Saatkrähe hat am Schnabelansatz einen mattweißen Fleck, der aber kaum auffällt. Beide Arten sind reinschwarz und etwa gleich groß. Hauptunterscheidungsmerkmal ist das Krächzen der Rabenkrähe, ein dreimaliges »Krah, krah, krah«. Die Saatkrähe hat eine vielseitigere Stimme.
Saatkrähen sind geselliger. Sie nisten in Kolonien und können oft in Scharen beobachtet werden. Die Rabenkrähen dagegen sind gern allein.

Der Kolkrabe, der weit seltener als die anderen beiden ist, hält sich vorwiegend in den Bergen auf. Ihn unterscheidet von den beiden anderen, daß er weit größer ist, wenngleich das – vor allem in großer Höhe – nicht so auffällt. Wichtigstes Unterscheidungsmerkmal ist der keilförmige Schwanz.
Kolkraben, die einen sehr starken Schnabel haben, sind fast immer allein oder paarweise zu sehen. Sie haben eine charakteristische und krächzendere Stimme als die anderen. (Abbildungen vgl. folgende Seite.)

163 **BIRKHUHN** m D 53 cm

(von 161)

Als einzige Möglichkeit bleibt nur noch der Birkhahn übrig. Er ist hauptsächlich im Bergland und Moor zu Hause, im Winter wandert er aber auch in aufgelockerte Waldgebiete. Er wirkt auf den ersten Blick völlig schwarz mit weißen Flügelbinden, in Wirklichkeit aber sind die Oberflügel eindeutig dunkelbraun. Zu verwechseln wäre er höchstens mit dem Auerhahn (vgl. 165), doch der ist viel größer und bevorzugt Tannenwälder. Außerdem hat das männliche Birkhuhn einen leierförmigen Schwanz. Das Weibchen ist braun und sehr viel kleiner (vgl. 136).

Birkhuhn
Männchen

164 NEBELKRÄHE mw

D 47 cm

(von 155)

Die Nebelkrähe ist der einzige große Vogel mit ausgiebig schwarzem und grauem Gefieder. Bei der sehr viel kleineren Dohle sind nur Kopf und Hals grau (vgl. 144).
Nebel- und Rabenkrähe kreuzen sich hin und wieder. Die daraus entstehenden Hybriden haben zwar einzelne graue Partien, die sich aber nie auf den Kopf erstrecken.

Nebelkrähe

165 BIRKHUHN m
AUERHUHN m

D 53 cm
D 86 cm

(von 155)

Beide Arten sind Jagdvögel, die völlig schwarz wirken, aber die Oberflügel sind in Wirklichkeit dunkelbraun. Der Birkhahn hat darüber hinaus kaum sichtbare, weiße Flügelbinden.
Der Birkhahn ist deutlich größer und hat einen leierförmigen Schwanz. Das Auerhuhn ist auf die Nadelwälder des Hügellandes beschränkt, das Birkhuhn auf Heide und Wälder im entlegenen Bergland. Die bräunlichen Weibchen sind sehr viel kleiner (vgl. 136 und 160).

Birkhuhn
Männchen

Auerhuhn
Männchen

166 Wo wurde der Vogel beobachtet?

(von 1)

Flußmündungen, die den Gezeiten ausgesetzt sind, gelten als Salzwasser!

Am oder nahe bei Süßwasser [167]
Am oder nahe bei Salzwasser einschließlich Flußmündungen [232]

167 Wie groß war der Vogel?

(von 166)

Größe wird in diesem Teil des Buches immer gemessen im Vergleich mit zwei weithin bekannten Vögeln, der Amsel (25 cm) und der Saatkrähe (46 cm). Gemessen wird von der Schnabel- bis zur Schwanzspitze.
Hier geht es um den Größenvergleich mit einer Amsel. Vögel ähnlicher Größe findet man unabhängig von der hier gegebenen Antwort.
Bekannte Vögel in der ungefähren Größe einer Amsel: die Singdrossel (23 cm) und die Misteldrossel (28 cm).

Amselgröße oder kleiner [168]
Größer als eine Amsel [192]

168 Welche Farbe hatte der Vogel?

(von 167)

Gefragt ist die Farbe des Gefieders, nicht die der Beine und des Schnabels. Das Gefieder vieler Vögel ist entweder braun oder braun und weiß; sie sind daher oft schwer zu bestimmen. Wenn also ein Vogel zunächst völlig braun oder braun-weiß erscheint, sollte man genau hinsehen, ob es nicht doch noch eine andere Farbe gibt.
Braun oder Braun-Weiß [169]
Braun oder Weiß außer acht lassen und angeben, welche der folgenden Farben vorherrschte:
Schwarz [179] Blau [188]
Grau [189] Rot [190] Gelb [191]

169 War es ein Stelzvogel?

(von 168)

Die sechs hier in Frage kommenden Stelzvogelarten haben alle lange Beine und Schnäbel. Sie waten im seichten Wasser, stehen an Gewässern oder im Sumpf oder fliegen dicht darüber. Meistens fliegen sie schnell.

Ja [170] Nein [173]

170 Hatte der Vogel einen weißen Bürzel?

(von 169)

Mit »Ja« antworten, wenn man deutlich einen weißen Bürzel bemerkt hat. Im Zweifel beiden Antworten nachgehen.

Ja [171] Nein [172]

171 **ROTSCHENKEL** mw
WALDWASSERLÄUFER mw

D 28 cm
Wi 23 cm

(von 170)

Der Rotschenkel, der größere und häufigere der beiden, hat ein auffallendes weißes Band an der Hinterkante der Flügel. (Der Uferläufer auch, vgl. 172.) Dieses Band und der weiße Bürzel ergeben beim Flug ein unverwechselbares Bild. Oft stößt er ein charakteristisches, aus drei Tönen bestehendes »piep, piep, piep« aus. Auffällig das leuchtende Rot von Beinen und Schnabel.
Den Waldwasserläufer sieht man normalerweise beim Durchzug im Frühjahr und Herbst, einige Vögel bleiben aber auch im Winter. Ober- und Unterseite der Flügel sind dunkel, der Schwanz ist gestreift. Der Flug ähnelt oft dem einer Schnepfe.

172 **BEKASSINE** mw
ZWERGSCHNEPFE mw
UFERLÄUFER mw
KAMPFLÄUFER w

D 27 cm
Wi 19 cm
So 20 cm
Wi 23 cm

(von 170)

Die Bekassine und Zwergschnepfe, beide von Wildvogeljägern gejagt, sieht man praktisch nie ruhen. Ihre Deckung verlassen sie nur, wenn man ihnen sehr nahe kommt. Beide Arten haben lange Schnäbel und sind in Sümpfen zu Hause. Sie unterscheiden sich durch die Größe und dadurch, daß die Bekassine, aufgescheucht, im Zickzack weit davonfliegt;

die Zwergschnepfe fliegt (fast gerade) nur kurz auf und sucht dann wieder die Deckung.
Den Uferläufer sieht man am häufigsten am Rand von Flüssen oder dicht über Süßwasserseen. Sein deutlichstes Kennzeichen ist ein weißes Band am hinteren Rand der Oberflügel. Charakteristisch das Körperkippen in Ruhestellung und der zuckende Flug.
Das Kampfläuferweibchen ähnelt dem Männchen im Winter sehr, nur daß letzteres deutlich größer ist (vgl. 217).
Wie den Uferläufer sieht man auch den Kampfläufer oft am Rand von Süßwasserseen und Flüssen, doch hat er nicht die gleiche Vorliebe, so dicht über dem Wasser zu fliegen. Im Winter sehen beide Geschlechter gleich aus, haben aber einen kräftig gesprenkelten Rükken und eine helle Unterseite. Beim Fliegen ist auf beiden Seiten des Schwanzes ein charakteristischer weißer Halbmond deutlich zu erkennen. Der Schnabel ist ziemlich kurz, die Beine sind meist rötlich.

173 War es ein Wasserschmätzer?

(von 169)

Falls notwendig, vergewissere man sich bei 186, ob es ein Wasserschmätzer war. Andernfalls bei 174 weitermachen.

Ja 186 Nein 174

174 War der Vogel deutlich größer als ein Buchfink?

(von 173)

Von den fünf möglichen Arten haben zwei die Größe der Amsel, drei sind so groß wie ein Buchfink oder kleiner.

Ja 175 Nein 176

175

ZWERGTAUCHER mwW D 27 cm
WASSERRALLE mw D 28 cm

(von 174)

Dies sind die beiden kleinsten Süßwasserschwimmvögel. Im Winter ist der Zwergtaucher unauffällig braungrau. Sein kastanienbraunes und dunkelbraunes Sommerkleid ist charakteristischer. Von der Wasserralle unterscheidet er sich dadurch, daß er oft auf dem offenen Wasser schwimmt. Die Wasserralle dagegen verläßt kaum einmal das schützende Röhricht.
Trotzdem verrät sie sich im Sommer durch ihre außergewöhnliche Stimme – eine Folge höchst abwechslungsreicher Grunz- und Quieklaute, die an ein Schwein erinnern. Man hört sie wesentlich öfter als man sie zu Gesicht bekommt. Sieht man sie aber doch einmal, ist sie sofort an dem roten Schnabel, der grauen Unterseite und den gestreiften Flanken zu erkennen.
Wegen der selteneren Taucher vgl. die Ergänzungsliste.

176 (von 174)

Sah der Vogel wie eine braun-weiße Schwalbe aus?

Mit »Ja« antworten, wenn der Vogel wie eine bräunliche Schwalbe (aber ohne die langen Schwanzfedern) aussah, lange spitze Flügel hatte und dicht über dem Wasser flog.

Ja [177] Nein [178]

177 (von 176)

UFERSCHWALBE mw — So 12 cm

Die gesellige Uferschwalbe nistet in Kolonien in Löchern von Sandbänken (oder von steinigen Uferwällen). Das Flugbild ähnelt dem einer Schwalbe, aber mit kurzem, gegabeltem Schwanz. Sie ist braun und hat eine weiße Unterseite mit breitem braunem Brustband. Der Sommergast ist kleiner als andere schwalbenähnliche Vögel.

Uferschwalbe

178 (von 176)

SCHILFROHRSÄNGER mw — So 13 cm
TEICHROHRSÄNGER mw — So 12,5 cm
ROHRAMMER mW-w — D 15 cm

Wie schon die Namen andeuten, sind alle drei Arten im Röhricht an Seen und Flüssen zu finden, wenn die Rohrammer im Winter auch auf Feldern auftaucht. Die Rohrsänger unterscheiden sich von der Ammer durch den dünnen Schnabel; der der Ammer ist dick und kräftig. Die beiden scheuen Rohrsänger sind unauffällig und schwer zu unterscheiden, mit Ausnahme ihres Gesangs. Der Schilfrohrsänger ist merklich heller und hat einen weißen Augenstreif, der bis zum Nacken läuft. Seine Unterseite ist kräftig gestreift, während die des Teichrohrsängers schlicht braun ist.
Beide Arten sind weit öfter zu hören als zu sehen. Hauptunterscheidungsmerkmal ist ihr Gesang, beim Teichrohrsän-

Schilfrohrsänger

Teichrohrsänger

ger ein ziemlich monotones »Tschirruk, tschirruk ... tschirr, tschirr«, beim Schilfrohrsänger weiche und harte Laute in schneller Folge.
Außer durch den Schnabel unterscheidet sich die Rohrammer von den beiden Rohrsängern durch das kräftig gemusterte Gefieder. Das Männchen hat im Sommer einen schwarzen Kopf, schwarze Kehle mit weißem Halsband und »Schnurrbart« (vgl. 180). Die schwarzen Partien werden im Winter braun.

Rohrammer

Weibchen

Männchen (Winter)

179
(von 168)

Beschränkte sich das schwarze Gefieder auf Kopf und Kehle?

Die Frage bedarf keiner Erläuterung. Ja [180] Nein [181]

180
(von 179)

ROHRAMMER mS D 15 cm

Das Rohrammermännchen ist im Sommer mit seinem schwarzen Kopf, dem weißen Halsband und »Schnurrbart«, der kräftigen Rücken- und Flügelzeichnung und der hellen Unterseite nicht zu verwechseln. Vorkommen fast immer im Röhricht, im Winter gelegentlich auf Feldern. Dann bekommt das Männchen einen braunen Kopf und ähnelt stark dem Weibchen (vgl. 178).

Rohrammer
Männchen
(Sommer)

181 Gehörte der Vogel zur Familie der Schwalben?

(von 179)

Schwalben

Alle Schwalben sind Sommergäste mit sehr langen Flügeln und gegabeltem Schwanz. Sie sind fast immer im Flug zu sehen, nur selten auf dem Nest oder Telefondrähten.

Ja [182] Nein [183]

182 **RAUCHSCHWALBE** mw **MEHLSCHWALBE** mw

So 19 cm
So 12,5 cm

(von 181)

Diese beiden Landvögel werden hier behandelt, weil man sie oft dicht über dem Wasser fliegen sieht.
Die rote Kehle der Rauchschwalbe fällt kaum auf. Deutlich erkennbar ist sie dagegen an den sehr langen Schwanzfedern.
Beim Wegfliegen ist die deutlich kleinere Mehlschwalbe mit ihrem – zwischen Rücken und Schwanz gut sichtbaren – weißen Bürzel ebenfalls leicht zu bestimmen. Beide Arten haben eine weiße Unterseite.

183 Hatte der Vogel einen langen Schwanz?

(von 181)

»Ja«, wenn der Schwanz mehr als ein Drittel der Gesamtlänge ausmachte.

Ja [184] Nein [185]

184 **TRAUERBACHSTELZE** mw SW

D 18 cm

(von 183)

Es muß eine Trauerbachstelze gewesen sein, die leicht zu erkennen ist. Das Gefieder verändert sich je nach Geschlecht, Alter und Jahreszeit, ist aber immer eine Kombination aus Schwarz und/oder Schiefergrau und Weiß. Bogenflug. Die Trauerbachstelze ist meistens auf der Erde anzutreffen. Sie läuft gerne und wippt, wenn sie nicht fliegt, ständig mit dem Schwanz.

185 War es ein Wasserschmätzer?

(von 183)

Wasserschmätzer vgl. 186. Andernfalls bei 187 weitermachen. Ja 186 Nein 187

186 **WASSERSCHMÄTZER** mw D 18 cm

(von 173 und 185)

Der Wasserschmätzer ist sofort zu erkennen – ein kleiner, dunkelbrauner, oft schwarz aussehender Vogel mit weißer Brust. Immer am Wasser zu finden, oft auf Steinen im Bach sitzend und typisch knicksend. Taucht und kann unter Wasser schwimmen.

Wasserschmätzer

187

FLUSSREGENPFEIFER So 15 cm
SANDREGENPFEIFER mw D 19 cm
ALPENSTRANDLÄUFER mwS D 18 cm
GOLDREGENPFEIFER mwS D 28 cm

(von 185)

Das Schwarz bei Fluß- und Sandregenpfeifern beschränkt sich auf Kopf und Hals. Unterscheidungsmerkmale der beiden Arten: Der Flußregenpfeifer ist kleiner, der Sandregenpfeifer hat eine weiße Flügelbinde und rote Beine, im Gegensatz zu den rosaroten des Flugregenpfeifers.
Beim Alpenstrandläufer ist das Schwarz auf nur einen großen Fleck am Bauch begrenzt, der im Winter verschwindet (vgl. 282). Von den Regenpfeifern unterscheidet ihn außerdem der längere, spitzere, leicht nach unten gebogene Schnabel. Vorkommen wie beim Sandregenpfeifer überwiegend an der Küste, doch nisten beide auch in Sümpfen im Landesinneren.

Sandregenpfeifer

Flußregenpfeifer

Alpenstrandläufer
(Sommer)

Goldregenpfeifer
(Sommer)

Der Goldregenpfeifer hat im Sommer weit mehr schwarzes Gefieder als die anderen drei. Es erstreckt sich, weiß eingefaßt, vom Kopf bis zum Bauch. Scheitel und Oberseite sind goldbraun mit schwarzer Sprenkelung. Außerdem ist er merklich größer als die anderen drei Arten.

188 **EISVOGEL** mw

D 16,5 cm

(von 168)

Einen Eisvogel zu entdecken ist immer wieder ein Ereignis. Das leuchtende Blaugrün, wenn er mit schnellen Flügelschlägen dicht über einem Bach dahinhuscht oder in einem Strauch am Ufer sitzt, prägt sich unvergeßlich ein. Das prachtvolle Gefieder (mit rostroter Unterseite), der große Kopf und der schwere Schnabel machen ein Verwechseln unmöglich.

189 Hatte der Vogel einen langen Schwanz?

(von 168)

»Ja«, wenn der Schwanz über ein Drittel der Gesamtgröße ausmachte.

Ja [97] Nein [222]

190 **ZWERGTAUCHER** mwS

D 27 cm

(von 168)

Der Zwergtaucher ist nicht sehr auffällig. Er bevorzugt Seen, in deren Röhricht er sich verbergen kann, schwimmt aber auch oft draußen auf dem Wasser. Im Winter ist er völlig braun-weiß (vgl. 175), im Sommer werden Wangen und Hals rostrot. Am Schnabelansatz hat er einen kleinen weißen Fleck.

Wegen der selteneren Taucher vgl. die Ergänzungsliste.

191 **GEBIRGSSTELZE** mS-mW-w / **GRÜNKÖPFIGE SCHAFSTELZE** m-w

D 181 cm
So 16,5 cm

(von 65, 106 und 168)

Diese beiden Arten erkennt man sofort an dem langen Schwanz und der leuchtendgelben Unterseite. Beide haben einen hellen Augenstreif. Die weit häufi-

gere Gebirgsstelze ist am schiefergrauen Oberteil und Schwanz zu erkennen. Bei der grünköpfigen Schafstelze sind sie bräunlichgrün beim Männchen und gelblichgrün beim Weibchen. Ihr Schwanz ist etwas kürzer.
Das Gebirgsstelzenmännchen hat in der Paarungszeit eine schwarze Kehle, die in der übrigen Zeit, wenn es dem Weibchen fast gleicht, weiß ist.
Beide Arten laufen viel und wippen mit dem Schwanz. Bogenflug.

Gebirgsstelze

Grünköpfige Schafstelze

192 Gehörte der Vogel zur Familie der Enten?

(von 167)

Enten gibt es in vielen Farben und Größen, doch haben sie alle mehr oder weniger das gleiche entenartige Aussehen. Sie haben einen langen Hals, der besonders beim Fliegen auffällt, einen flachen Schnabel, kurze Beine und Schwimmfüße.
Manchmal ist die Farbe des Spiegels wichtig für die Bestimmung. Spiegel heißen die bunten Federn am hinteren Innenflügel (vgl. 202).

Enten

Ja [193] Nein [207]

193 Wie groß war der Vogel?

(von 192)

Von den 14 hier behandelten Süßwasserarten sind drei unter- und fünf überdurchschnittlich groß. Die Stockente, die verbreitetste Art, gehört zu letzteren.

Unterdurchschnittlich groß für eine Ente [194] Überdurchschnittlich groß für eine Ente [195] Durchschnittlich groß für eine Ente [198]

194

(von 193)

KRICKENTE m-w D 35 cm
KNÄKENTE m-w So 38 cm
ZWERGSÄGER m-w Wi 41 cm

Die Krickente ist so auffallend klein, daß die Art gewöhnlich selbst auf große Entfernung bestimmt werden kann. Meistens sieht man eine ganze Schar in enger Formation mit schnellen Flügelschlägen fliegen. Sehr charakteristisch ist der Erpel mit einem breiten grünen Augenstreif, der am rostroten Kopf nach hinten verläuft, und einem leuchtendgrünen Spiegel. Das Weibchen, das einem sehr kleinen Stockentenweibchen ähnelt, ist unauffällig braun, hat aber ebenfalls einen grünen Spiegel.

Die Knäkente ist schlanker als die beiden anderen und nicht so oft wie die Krickente in Scharen anzutreffen. Der Erpel ist außer an der geringen Größe am weißen Streifen zu erkennen, der von oberhalb des Auges bis in den Nacken läuft. Das Weibchen ist schlicht braun und im Wasser ziemlich unauffällig, beim Flug ist jedoch der blaugraue Vorderflügel zu erkennen.

Zwergsäger sind weit charakteristischer. Der Erpel wirkt beim Schwimmen fast völlig weiß. Im Flug sind seine schwarzen Flügelspitzen und -binden sichtbar. Das Weibchen sieht genauso aus, hat aber anstelle des schwarzen graues Gefieder und einen auffallend rotbraunen Kopf.

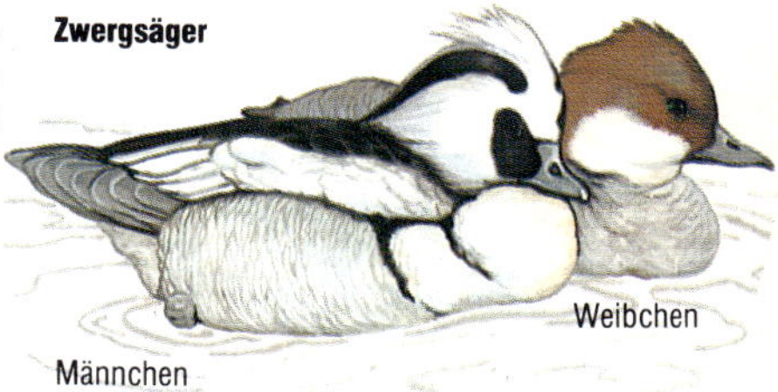

195

War es ein Säger?

(von 193)

Säger sind sehr große Enten, so groß wie die kleinsten Gänse. Sie haben oft eine Haube und einen langen, dünnen Schnabel mit nach unten gebogener Spitze. Die Erpel haben grüne, die Weibchen rötlichbraune Köpfe.

Ja 196 Nein 197

196 **MITTELSÄGER** m-w D 58 cm
GÄNSESÄGER m-w D 66 cm

(von 195)

Bei den Gänsesägern hat der Erpel eine kaum wahrnehmbare Haube, die Ente eine einfache. Bei den Mittelsägern haben Erpel und Ente eine Doppelhaube, der Erpel hat außerdem eine rötlichbraune Brust. Das Gänsesägermännchen hat dagegen eine weiße Brust und Unterseite, die leicht rosa getönt ist.

Beide Erpel sind auffallend schwarzweiß gemustert, vor allem beim Flug. Die Enten sind unauffälliger grau. Beim Gänsesägerweibchen sind das Braun des Kopfes und das Weiß von Hals und Kehle scharf abgesetzt, beim Mittelsäger ist der Übergang fließend.

Gänsesäger sieht man das ganze Jahr auf Binnenseen, den Mittelsäger öfter am Meer. Beide sind gute Taucher.

197 **STOCKENTE** m-w D 58 cm
BRANDENTE m-w D 61 cm
SPIESSENTE m D 66 cm
SPIESSENTE w D 56 cm

(von 195)

Die Erpel dieser drei großen Arten sind deutlich gezeichnet; männliche und weibliche Brandenten ähneln sich stark.

Die Stockente ist am verbreitetsten und bekanntesten. Der Kopf des Erpels schillert manchmal smaragdgrün, dann wieder pfauenblau. Kopf und rotbraune Brust trennt ein schmales, weißes Band. Er hat einen leuchtendblauen Spiegel. Das Weibchen ebenfalls, doch sonst ist es schlicht braungesprenkelt.

Die seltenere Brandente, die öfter am Meer oder in Sümpfen zu finden ist, ist sofort am leuchtendroten Schnabel und dem kontrastreichen grün-weiß-rotbraunen Gefieder zu erkennen. (Das Grün wirkt schwarz, außer bei heller Beleuchtung.) Bis auf den Höcker am Schnabelansatz des Erpels sind beide Geschlechter fast identisch.

Die Spießente kommt von den dreien am seltensten vor. Beide Geschlechter

haben einen langen Schwanz, der Erpel einen längeren als die Ente. Er ist überwiegend grau, hat einen braunen Kopf, aber weiße Brust und weißen Hals. Das Weiß zieht sich in einem schmaler werdenden Streifen bis hinter das Auge hoch. Das Weibchen ist bis auf den ziemlich langen Schwanz unauffällig.

198 Welche Farbe hatte der Vogel?

(von 193)

Genau angeben, welche der vier Möglichkeiten am ehesten zutrifft:

Kopf grün 199
Kopf rötlichbraun 200
Überwiegend schwarzweiß 201
Überwiegend braun 202

199 SCHELLENTE m / LÖFFELENTE m

Wi 46 cm
D 51 cm

(von 198)

Der Erpel der Stockente, der ebenfalls einen grünen Kopf hat, wurde wegen seiner Größe an dieser Stelle ausgeschlossen (vgl. 197).
Der Erpel der Schellente fällt vor allem durch den weißen Fleck vor dem Auge auf dem dunkelgrünen Kopfgefieder auf. Hals und Unterseite sind weiß, ansonsten ist er hauptsächlich schwarzweiß. Der Kopf der Ente ist rotbraun; der Fleck fehlt (vgl. 200).
Der Erpel der Löffelente ähnelt der Stockente, ist jedoch kleiner und hat eine weiße Brust, rotbraune Flanken und kein weißes Halsband unterhalb des grünen Kopfs. Der sehr große, flache Schnabel fällt auf größere Entfernungen kaum auf. Weibchen vgl. 203.

200

(von 198)

PFEIFENTE m — D 46 cm
TAFELENTE m — D 46 cm
SCHELLENTE w — Wi 46 cm
ZWERGSÄGER w — Wi 41 cm

Alle vier Arten sind Wintergäste, aber einige Pfeif- und Tafelenten bleiben das ganze Jahr über.
Der Erpel der Pfeifente ist leicht an dem gelben Streifen zu erkennen, der vom Schnabel zum Scheitel läuft. Der übrige Kopf ist rotbraun, der Körper grauweiß, der Schwanz dunkler.
Der Erpel der Tafelente hat einen rötlichbraunen Kopf. Das Schwarz von Brust und Schwanz hebt sich deutlich vom Weiß der Flanken und des Bauchs ab. Die Oberflügel sind grau. Die Weibchen beider Arten sind vornehmlich braun (vgl. 203 bzw. 206).
Der Kopf des Schellentenweibchens ist schokoladenbraun, der übrige Körper hellgrau, die Unterseite weiß. Beim Flug sind Schellenten leicht zu bestimmen, denn dann verursachen die Flügel ein charakteristisches Pfeifen. Der Kopf des Männchens ist dunkelgrün, sieht aber manchmal schwarz aus (vgl. 199).
Das Dunkelbraun am Kopf des Zwergsägerweibchens geht nur bis zur Schnabellinie, der übrige Kopf ist weiß, der Körper grau. Beim Männchen ist Weiß die vorherrschende Farbe (vgl. 201).

Pfeifente
Männchen

Tafelente
Männchen

Schellente
Weibchen

Zwergsäger
Weibchen

201 (von 198)

REIHERENTE m — D 43 cm
SCHELLENTE m — Wi 46 cm
ZWERGSÄGER m — Wi 41 cm

Wahrscheinlich ist es der Erpel der Reiherente. Er ist bis auf das Weiß an Flanken und Bauch völlig schwarz und hat einen herabhängenden Schopf. Wegen des schmutzigbraunen Weibchens vgl. 205.
Der Erpel der Schellente wurde wegen des dunkelgrünen Kopfes bereits erwähnt (199), aber vielleicht kam Ihnen der Kopf schwarz vor, so daß Sie nur Schwarz und Weiß sahen. Der weiße Fleck vor dem Auge ist sichtbar. Weibchen vgl. 200. Die Flügel der Schellente verursachen beim Fliegen ein typisches Pfeifen.
Der Zwergsäger ist etwas kleiner als die beiden anderen. Beide Geschlechter sind charakteristisch gezeichnet. Auf dem Wasser wirkt der Erpel völlig weiß, beim Flug erkennt man jedoch die schwarzen Flügelspitzen und -binden. Weibchen vgl. 200.

202 (von 198)

Hatte der Vogel einen blauen oder grünen Spiegel?

Erklärung „Spiegel“ vgl. 192.
Ja [203] Nein [204]

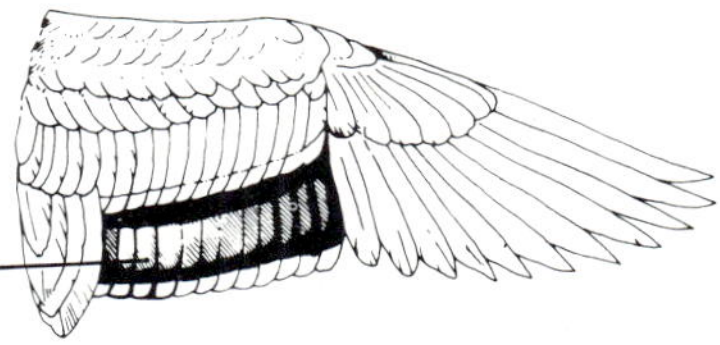

203 (von 202)

STOCKENTE w — D 58 cm
LÖFFELENTE w — D 51 cm
PFEIFENTE w — D 46 cm

Diese drei Weibchen sind überwiegend braun und nicht leicht auseinanderzuhalten. Die Stockente, die einen blauen Spiegel hat, ist viel verbreiteter und größer als die beiden anderen. Löffel- und Pfeifente haben einen grünen Spiegel. Erstere hat einen großen, seltsam abgeflachten Schnabel und einen hellblauen Vorderflügel.
Die weibliche Pfeifente ist die kleinste der drei und nur an der relativ geringen Größe, dem kürzeren Schnabel und

dem weißen Bauch zu erkennen. Meistens sieht man sie nur im Winter.
Die Erpel dieser drei Arten, die man oft nebenher schwimmen sieht, sind alle gut zu erkennen (vgl. 197, 199 und 200).

Stockente
Weibchen

Löffelente
Weibchen

Pfeifente
Weibchen

204 War der Vogel schwarzbraun?

(von 202)

Eines dieser Weibchen ist schwarzbraun und hat einen kaum wahrnehmbaren herabhängenden Schopf.

Ja 205 Nein 206

205 REIHERENTE w

D 43 cm

(von 204)

Reiherente
Weibchen

Das schwarzbraune Weibchen der Reiherente unterscheidet sich grundlegend von allen anderen. Meist in Gesellschaft des sehr charakteristischen schwarz-weißen Erpels (vgl. 201). Kaum sichtbare Haube. Taucht gern.

206 TAFELENTE w / SPIESSENTE w / SCHNATTERENTE m-w

(von 204)

TAFELENTE w — D 46 cm
SPIESSENTE w — Wi 56 cm
SCHNATTERENTE m-w — D 51 cm

Das Weibchen der Tafelente wiederholt in Braun und Grau die prachtvolleren Farben des Erpels (vgl. 200). Heller Ring um Auge und heller Augenstreif.
Das Weibchen der Spießente hat einen spitzen, aber nicht so langen Schwanz wie der Erpel (vgl. 197). Sonst kaum Unterscheidungsmerkmale.
Der Erpel der Schnatterente ist das einzige überwiegend braune Männchen. Die Schwanzdeckfedern sind schwarz. Erpel und Ente haben farblich gleich gemusterte Oberflügel: rot-braune Flügelbinde und schwarz-weißen Spiegel. Am deutlichsten sieht man dieses Muster beim Flug.

207 War es eine Möwe oder eine Seeschwalbe?

(von 192)

Möwen und Seeschwalben sind an ihrer überwiegend weißen und perlgrauen Färbung zu erkennen. Einige Arten haben zwar schwarze Flügelspitzen oder schwarze oder dunkelgraue Rücken oder Oberflügel, doch wirken alle grundsätzlich weiß.
Beide Familien haben lange, spitze Flügel – die Seeschwalben noch ausgeprägter. Die Seeschwalben haben außerdem einen gegabelten, keinen abgeschnittenen Schwanz und einen schwarzen Scheitel. Ihr Flug ist eleganter.
Möwen suchen ihre Nahrung an der Wasseroberfläche, Seeschwalben tauchen zuweilen nach Nahrung.

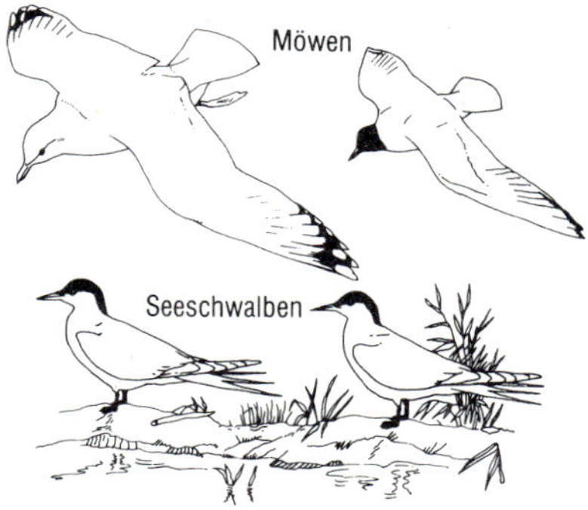

Möwe 208 Seeschwalbe 260
Weder noch 209

208 Welche Farbe hatten der Rücken und die Oberflügel?

(von 207)

Diese Frage bedarf keiner Erläuterung.

Schwarz oder Dunkelgrau 254
Überwiegend Perlgrau 257

209 Wie groß war der Vogel?

(von 207)

Sie haben angegeben, daß er größer als eine Amsel war. War er auch größer als eine Saatkrähe (46 cm)?

Saatkrähengröße oder kleiner 210
Größer als eine Saatkrähe 224

210 War es ein Haubentaucher?

(von 209)

Vergewissern Sie sich gegebenenfalls bei 211. War es kein Haubentaucher, bei 212 weitermachen.

Ja 211 Nein 212

211 **HAUBENTAUCHER** mwS-mwW

D 48 cm

(von 210)

Diese ungewöhnlichen Vögel sieht man fast ausschließlich weit draußen auf großen Seen. Sie fliegen praktisch nie, tauchen dafür ausgezeichnet und entziehen sich Verfolgern durch das Schwimmen unter Wasser. Im Sommer sind sie sofort an den auffälligen Federohren und der rotbraunen „Halskrause" zu erkennen, die im Winter verschwinden, wenn das Weiß an Wangen, Hals und Brust hervortritt. Rosafarbener, spitzer Schnabel.

Haubentaucher

212 Welche Farbe hatte der Vogel?

(von 210)

Gefragt ist die Farbe des Gefieders, nicht die der Beine und des Schnabels. Das Gefieder vieler Vögel ist entweder braun oder braun-weiß; sie sind oft am schwersten zu bestimmen. Erscheint ein Vogel also zunächst braun-weiß, achten Sie darauf, ob noch eine andere Farbe vorkommt.

Nur Braun oder Braun-Weiß 213

Braun und Weiß außer acht lassen; welche der folgenden Farben herrschte vor?

Schwarz 218 Grau 222 Grün 223

213 Wie groß war der Vogel?

(von 212)

Wenn er fast so groß wie eine Saatkrähe war (46 cm), bei 214 weitermachen, war er deutlich kleiner, bei 215.

Etwa Saatkrähengröße 214

Nicht annähernd Saatkrähengröße 215

214 **REGENBRACHVOGEL** mw

So 41 cm

(von 133 und 213)

Der Regenbrachvogel ist normalerweise nur beim Durchzug zwischen Brutplatz und Winterquartier im Frühjahr und Herbst zu beobachten. Mit den langen Beinen und dem langen, nach unten gebogenen Schnabel sieht er wie ein großer Brachvogel in klein aus (vgl. 231). Zu erkennen ist er außerdem an dem kräftig gestreiften Scheitel und dem schnelleren Flügelschlag. Vorkommen meist in Sümpfen an der Küste.

Regenbrachvogel

215 Hatte der Vogel einen weißen Bürzel?

(von 213)

Mit »Ja« antworten, wenn Sie deutlich einen weißen Bürzel bemerkt haben. Im Zweifel beiden Antworten nachgehen.

Ja 216 Nein 217

216 **ROTSCHENKEL** mw / **HELLER WASSERLÄUFER** mw / **WALDWASSERLÄUFER** mw

D 28 cm
D 30 cm
Wi 23 cm

(von 215)

Der Rotschenkel hat hinten an der Flügeloberseite ein breites, weißes Band, das, zusammen mit dem Bürzel, den Vogel im Flug weiß erscheinen läßt. (Man beachte, daß der kleinere Uferläufer ein ähnliches Band hat, aber keinen weißen Bürzel, vgl. 172). Den

Rotschenkel

Heller Wasserläufer

Waldwasserläufer

Rotschenkel erkennt man ferner an den leuchtendroten Beinen und dem roten Schnabel mit der schwarzen Spitze. Charakteristisch der Gesang des Rotschenkels und hellen Wasserläufers, ein dreifaches Wiederholen des gleichen Lauts. Der helle Wasserläufer ist etwas größer, die Oberseite grauer und der Bauch merklich heller. Seine hellen Beine haben einen Stich ins Olivgrüne.

Der Waldwasserläufer ist meistens beim Durchzug im Frühjahr und Herbst zu sehen, wenn einige Vögel auch im Winter bleiben. Zu erkennen ist er gut an der dunklen Körperoberseite, der dunklen Flügelunterseite und an dem gestreiften Schwanz. Wie die Bekassine, so zeigt auch der Waldwasserläufer einen recht auffälligen Zickzackkurs beim Fliegen.

217

(von 215)

BEKASSINE mw D 27 cm
KAMPFLÄUFER mW Wi 29 cm
KAMPFLÄUFER w Wi 23 cm

Die Bekassine sieht man praktisch nur, wenn sie, aus ihrem Versteck aufgescheucht, im Zickzack über das Moor oder den Sumpf davonfliegt. Sie hat einen sehr langen Schnabel. Wegen der viel kleineren Zwergschnepfe vgl. 172.
Kampfläufer sind Wintergäste. Männchen und Weibchen ähneln sich im Winter stark, allerdings ist das Weibchen deutlich kleiner. Im Binnenland sieht man sie am häufigsten am Rand von Gewässern. Beide Geschlechter sehen im Winter gleich aus, haben jedoch einen stark gesprenkelten Rücken und eine helle Unterseite. Im Flug erkennt man auf beiden Seiten des Schwanzes deutlich einen weißen Halbmond. Der Schnabel ist kurz, die Beine sind meistens rötlich.

218

(von 212)

Welche Farbe haben Sie sonst noch (wenn überhaupt) bemerkt?

Diese Frage bedarf keiner Erläuterung.

Rein oder fast völlig schwarz 219
Eindeutig schwarz und weiß 220
Schwarz und braun 221

219 TEICHHUHN mw — D 33 cm
BLESSHUHN mw — D 38 cm

(von 218)

Diese beiden sehr verbreiteten Arten kann man auf oder an fast allen geschützten Gewässern sehen.
Sie sind leicht auseinanderzuhalten. Die reinweiße Blesse des Bleßhuhns über dem Schnabelansatz ist nicht zu übersehen. Das Teichhuhn hat eine ähnliche, wenn auch unauffälligere rote Blesse sowie einen roten Schnabel mit gelber Spitze. Das Bleßhuhn ist völlig schwarz, während das Teichhuhn einige weiße Federn an den Flügeln und unter dem Schwanz hat.
Beachtenswert das Kopfnicken des Teichhuhns.

Teichhuhn

Bleßhuhn

220 KIEBITZ mw — D 30 cm
AUSTERNFISCHER mw — D 43 cm

(von 218)

Keine dieser Arten sieht man oft in der Nähe von Süßwasser, aber der Kiebitz kommt manchmal in sumpfigem Gelände vor, und der Austernfischer nistet gelegentlich in Flußtälern des Berglandes.
Beide Arten haben farbenfrohes Gefieder, aber der Kiebitz hat eine Haube und ist wesentlich kleiner. Im hellen Sonnenlicht kann sein Gefieder grünlich schimmern. Beide Arten haben lange rosarote Beine, aber den Austernfischer erkennt man am langen, leuchtendroten Schnabel.

Kiebitz

Austernfischer

221 GOLDREGENPFEIFER mwS — D 28 cm
WALDWASSERLÄUFER mw — Wi 23 cm

(von 218)

Der Goldregenpfeifer ist im Sommer kaum zu verwechseln. Das weiß eingefaßte schwarze Gefieder, das im Winter verschwindet (vgl. 284), erstreckt sich von Kopf und Hals bis zum Bauch. Scheitel und Unterseite sind goldbraun mit schwarzen Einsprengseln.

Den Waldwasserläufer sieht man meistens beim Durchzug im Frühjahr und Herbst, einige Vögel bleiben auch im Winter. Er hat einen sehr viel längeren Schnabel als der Goldregenpfeifer und ist seltener. Die dunkle obere und untere Flügelseite heben sich deutlich vom weißen Bürzel und dem gestreiften Schwanz ab. Zickzackflug wie bei der Bekassine.

Goldregenpfeifer
(Sommer)

Waldwasserläufer

222 WASSERRALLE mw — D 28 cm

(von 189 und 212)

Die Wasserralle ist sehr schwer faßbar. Sie hält sich fast ausschließlich im Röhricht an Seen und Flüssen auf, aus dem sie sich selten aufscheuchen läßt. Wenn, dann fliegt sie mit im Wasser hängenden Beinen kurz auf. Vielleicht sieht man dann den roten Schnabel, die graue Unterseite, die kräftig gemusterten Flanken und das Weiß unter dem Schwanz.

Der außergewöhnliche Gesang der Wasserralle besteht aus einer Folge von Grunz- und Quieklauten, die an ein Schwein erinnern. Sie ist weit öfter zu hören als zu sehen.

Wasserralle

223 KIEBITZ mw

D 30 cm

(von 212)

Der Kiebitz ist deutlich schwarz-weiß gefiedert. Im hellen Sonnenlicht schimmert die schwarze Unterseite grünlich. Man sieht den Haubenträger oft in größerer Zahl auf Feldern, Grasland und in Mooren.

Kiebitz

224 War es ein Schwan oder eine Gans?

(von 209)

Schwäne und Gänse sind am langen Hals und der Größe zu erkennen, wobei die reinweißen Schwäne in beidem überlegen sind. Gänse sind überwiegend braungrau (u. U. mit schwarzem Hals) oder völlig schwarz-weiß.

Schwan 225 Gans 226

Weder noch 227

225 HÖCKERSCHWAN mw SINGSCHWAN mw ZWERGSCHWAN mw

D 152 cm
Wi 152 cm
Wi 122 cm

(von 154, 224 und 232)

Höchstwahrscheinlich war es ein Hökkerschwan, der einzige häufige und bekannte Bewohner unserer Seen und Flüsse. Von den anderen unterscheidet er sich durch den orangefarbenen Schnabel mit dem schwarzen Höcker am Ansatz. Bis auf ein gelegentliches Grunzen ist er stumm.
Die beiden Wintergäste kommen im November oder Oktober.
Wie so viele andere Gänse schreien sie

Höckerschwan

lauthals drauflos. Vom Höckerschwan unterscheiden sie sich außerdem noch durch den zitronengelben Schnabel mit schwarzer Spitze aber ohne Höcker.
Sing- und Zwergschwan sind ziemlich schwer auseinanderzuhalten. Der beträchtliche Größenunterschied fällt gar nicht so sehr ins Auge. Das einzige sichere Unterscheidungsmerkmal: die gelbe Fläche ist beim Singschwan größer und läuft spitz aus. Dafür ist der Ruf des Zwergschwans weniger schrill und melodischer.

226

(von 154 und 224)

KANADAGANS mw — D 97 cm
GRAUGANS mw — Wi 81 cm
KURZSCHNABELGANS mw — Wi 68 cm
BLESSGANS mw — Wi 71 cm

Von den sechs in diesem Buch behandelten Gänsen werden zwei dem Süßwasser zugerechnet, zwei dem Salzwasser und Flußmündungen und zwei beiden. Alle weichen erheblich von den angegebenen Durchschnittsgrößen ab.
Die Kanadagans ist der einzige Dauergast, dem Aussehen nach eine Graugans mit schwarzem Hals, weißen Wangen und weißer Kehle.
Die anderen drei Süßwasserarten sind ebenfalls Graugänse und schwer zu unterscheiden. Die Graugans ist am größten, am schwersten gebaut und wirklich grau und hebt sich nur durch die rosa Beine und Füße ab.
Die kleinere Kurzschnabelgans hat einen dunkleren Kopf und Hals, einen kürzeren Schnabel und ist schlanker.
Die Bleßgans hat einen weißen Schnabelansatz und eine schwarze Zeichnung am Bauch. Beine und Füße sind gelb.

227 War der Vogel völlig schwarz?

(von 224)

Mit »Ja« antworten, wenn er völlig schwarz aussah (Weiß an Wangen und Kinn ausgenommen), auch wenn er in Wirklichkeit vielleicht dunkelblau oder dunkelbraun war.

Ja 228 Nein 229

228 **KORMORAN** mw

D 90 cm

(von 227)

Der Kormoran wird als einziger großer Vogel dem Süßwasser zugerechnet (noch öfter allerdings dem Meer). Er wirkt trotz weißer Flecken an Wangen und Schenkel völlig schwarz. Der geschickte Taucher ist meist draußen auf einem See oder fliegt über dem Wasser. Das Flugbild ähnelt dem einer Ente, aber seine Größe und der schwarze Umriß weisen ihn sofort aus.

Kormoran

229 Hatte der Vogel Schwimmfüße?

(von 227)

Schwamm er, hatte er mit Sicherheit Schwimmfüße, und die beiden einzigen Vögel, die in Frage kommen, sieht man fast nur schwimmen oder tauchen.

Ja 230 Nein 231

230 **STERNTAUCHER** mwS-mwW D 56 cm
PRACHTTAUCHER mwS-mwW D 63 cm

(von 229)

Diese beiden Mitglieder aus der Familie der Taucher erkennt man an der Stromlinienform. Wenn sie nicht auf dem Nest sitzen, halten sie sich fast ausschließlich auf oder unter dem Wasser auf.
Der Sterntaucher ist häufiger zu sehen. Er ist Durchzügler und an Süßwasserseen anzutreffen. Der Prachttaucher ist in erster Linie ein Meeresvogel. Im Binnenland nur im Sommer zu sehen, wenn er auf abgelegenen Felseninseln nistet.

Der Sterntaucher hat im Sommer einen graubraunen Rücken, der Prachttaucher einen schwarz-weiß geäderten. Die Kehle ist rötlich braun bzw. schwarz. Der Sterntaucher hat einen leicht aufwärts gebogenen Schnabel.
Im Winter sind sie bis auf den Größenunterschied fast identisch. Wurde der Vogel im Winter auf Süßwasser beobachtet, war es höchstwahrscheinlich ein Sterntaucher, der etwas heller ist.

Prachttaucher

Sterntaucher

231 **GROSSER BRACHVOGEL** mw D 56 cm
GRAUREIHER mw D 90 cm
AUSTERNFISCHER mw D 43 cm

(von 229)

Diese drei Arten sind kaum zu verwechseln. Der große Brachvogel ist der bei weitem größte Stelzvogel, hat sehr lange Beine und einen langen, nach unten gebogenen Schnabel. Wegen des ähnlichen aber kleineren Regenbrachvogels vgl. 214.
Der Graureiher ist noch größer und sofort am langen Hals, den langen Beinen, dem grau-weißen Gefieder und der schwarzen Haube zu erkennen. Der Austernfischer ist deutlich schwarzweiß und hat einen langen, roten Schnabel und lange, rote Beine.
Austernfischer sind überwiegend an der Küste zu finden, nisten aber manchmal

im Binnenland. Graureiher fischen meist allein im flachen Wasser, nisten aber kolonienweise in den Gipfeln hoher Bäume.

Den großen Brachvogel kann man fast überall in Sümpfen und Mooren, aber auch auf Feldern finden. Gesang: »Tlaüh, tlui«.

232

War es ein Schwan oder eine Gans?

(von 166)

Schwäne und Gänse sind am langen Hals und der Größe zu erkennen, wobei die reinweißen Schwäne in beidem überlegen sind. Gänse sind überwiegend braungrau (Graugänse) oder völlig schwarz-weiß (Buntgänse).

Schwan 225 Gans 233
Weder noch 234

233

(von 232)

GRAUGANS mw — Wi 81 cm
BLESSGANS mw — Wi 71 cm
NONNENGANS mw — Wi 63 cm
RINGELGANS mw — Wi 59 cm

Von den sechs hier abgehandelten Gänsearten werden zwei dem Meer und Flußmündungen zugerechnet, zwei dem Süßwasser und zwei beiden.
Die Grau- und Bleßgans sind völlig graubraun, doch hat letztere, die kleiner ist, ein weißes Band um den Schnabelansatz und schwarze Zeichnung auf dem Bauch. Die Graugans hat rosafarbene, die Bleßgans gelbe Beine und Füße.
Nonnen- und Ringelgans sind Buntgänse. Die Nonnengans hat einen schwarzweiß gemusterten Kopf. Bauch und Flanken sind reinweiß. Beide haben schwarze Beine.
Von der Ringelgans gibt es zwei Unterarten, eine dunkel- und eine hellbrüstige, von denen erstere weit häufiger vorkommt.

Graugans

Bleßgans

Nonnengans

mit dunklem Bauch

Ringelgans

mit hellem Bauch

234 Gehörte der Vogel zur Familie der Enten?

(von 232)

Enten gibt es in vielen Farben und Größen, doch haben sie alle mehr oder weniger das gleiche entenartige Aussehen. Sie haben einen langen Hals, der besonders beim Fliegen auffällt, einen flachen Schnabel, kurze Beine und Schwimmfüße.
Manchmal ist zur Bestimmung die Farbe des Spiegels wichtig. Spiegel heißen die bunten Federn am hinteren Innenflügel.

Ja [235] Nein [252]

Enten

235 Hatte der Vogel einen langen Schwanz?

(von 234)

»Ja«, wenn der Schwanz mindestens ein Sechstel der Gesamtlänge ausmachte.

Ja [236] Nein [237]

236 **SPIESSENTE** m **EISENTE** mW

D 66 cm
Wi 53 cm

(von 235)

Diese beiden Erpel sind sehr verschieden. Die Spießente ist merklich größer, auch wenn die Eisente einen wesentlich längeren Schwanz hat. Die Spießente ist hauptsächlich grau-weiß, hat einen braunen Kopf, eine weiße Brust und einen weißen Streifen, der vom Hals nach oben bis hinter das Auge läuft. Die Eisente ist dagegen im Winter fast ganz schwarz-weiß. Sie lebt fast nur am Meer, die Spießente mehr an Binnengewässern, auch wenn sie im Winter Küstensümpfe und Flußmündungen aufsucht. Die beiden bräunlich gefiederten Weibchen haben einen kürzeren Schwanz (vgl. 250 bzw. 249).

Spießente
Männchen

Eisente
Männchen

237 Welche Farbe hatte der Vogel?

(von 235)

Geben Sie an, welche dieser Farben am ehesten zutrifft:

Völlig schwarz 238

Überwiegend schwarzweiß 239

Kopf grün/blau 240

Überwiegend braun 246

Kopf oder Scheitel rötlich braun 243

Nichts von alledem 251

238 **TRAUERENTE** m

D 48 cm

(von 237)

Die nicht sehr häufige Trauerente ist hauptsächlich ein Wintergast. Meist weiter draußen auf Seen und oft in Kolonien zu sehen. Der Erpel ist reinschwarz und hat einen gelben Schnabel. Zu verwechseln nur mit der selteneren Samtente (vgl. Ergänzungsliste), die größer ist und weiße Flügelbinden hat. Das Weibchen der Trauerente ist braunweiß (vgl. 249).

Trauerente
Männchen

239 **ZWERGSÄGER** m / **SCHELLENTE** m / **EIDERENTE** m

Wi 41 cm
Wi 46 cm
D 58 cm

(von 237)

Zwergsäger und Schellente sieht man meistens auf Binnenseen und an Flußmündungen, seltener auf dem offenen Meer. Das Zwergsägermännchen wirkt beim Schwimmen völlig weiß, beim Flug erkennt man jedoch die schwarze Zeichnung, vor allem an den Außenflügeln. Das Weibchen ist grau und hat weiße Wangen sowie eine dunkelbraune Kappe (vgl. 244).

Der Erpel der Schellente hat einen grünen Kopf, der manchmal schwarz erscheint. Er wirkt nicht so weiß wie der Zwergsäger, ist weit kleiner als die Eiderente und hat einen ganz anders geformten Kopf. Gut sichtbar der weiße Fleck vor dem Auge. Vorkommen meistens auf Seen, aber auch auf Küstenge-

Zwergsäger
Männchen

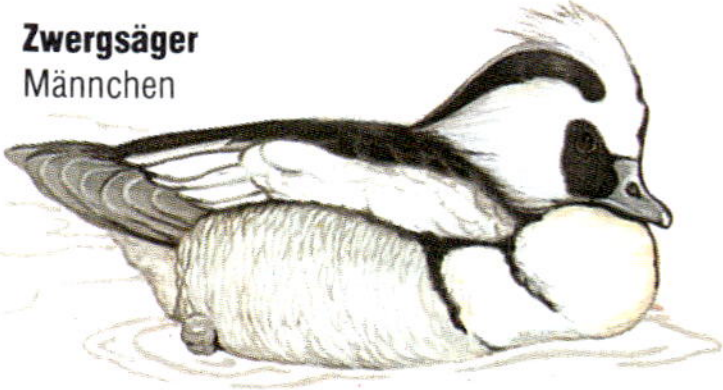

Schellente
Männchen

Eiderente
Männchen

wässern. Das Weibchen ist grau und hat einen rötlich braunen Kopf (vgl. 244). Die Eiderente ist sehr viel größer und am ungewöhnlichen Schnabel zu erkennen, dessen breiter Ansatz direkt in die Stirn übergeht. Der Erpel ist auffallend schwarz-weiß und hat eine leicht rosafarbene Brust. Vorkommen normalerweise auf dem Meer. Das Weibchen ist größtenteils braun (vgl. 250).

240

Wie groß war der Vogel?

(von 237)

Von den sechs Salzwasserarten mit grünem Kopf (der manchmal blau wirken kann) haben zwei eine für eine Ente durchschnittliche, vier eine überdurchschnittliche Größe. Im Zweifel beiden Antworten nachgehen.

Für eine Ente durchschnittlich groß [241]

Für eine Ente überdurchschnittlich groß [242]

241

BERGENTE m — Wi 48 cm
SCHELLENTE m — Wi 46 cm

(von 240)

Bergente
Männchen

Schellente
Männchen

Der Erpel der Bergente erinnert an den der Reiherente (vgl. 201), hat jedoch einen dunkelgrünen Kopf (keinen dunkelbraunen) und einen grauen Rücken. Öfter an Flußmündungen als auf dem offenen Meer zu sehen. Das Weibchen ist unscheinbarer (vgl. 249).
Die Schellente ist mehr auf Seen als auf Küstengewässern zu Hause. Der Erpel hat einen grünen Kopf, der manchmal schwarz erscheint, und vor dem Auge einen auffallenden weißen Fleck. Im übrigen ist er schwarz-weiß. Das Weibchen ist grau und hat einen rötlich braunen Kopf (vgl. 244).

242

STOCKENTE m — D 58 cm
BRANDENTE m-w — D 61 cm
MITTELSÄGER m — D 58 cm
GÄNSESÄGER m — D 66 cm

(von 240)

Die Stockente ist die verbreitetste Süßwasserente, kommt im Winter aber auch an Küstengewässern und Flußmündungen vor. Der Erpel ist leicht zu erkennen: grüner Kopf, der manchmal blau schimmert, weißes Halsband, rotbraune Brust und leuchtend blauer Spiegel. Das unscheinbar braune Weibchen hat ebenfalls einen blauen Spiegel (vgl. 247).

Die Brandente ist mit grünem Kopf, rotem Schnabel und roten Beinen sowie rotbraun-weiß-schwarzem Gefieder noch charakteristischer. Bis auf den Schnabelhöcker des Erpels sind die Geschlechter gleich.
Mittel- und Gänsesäger sind seltener als Stock- und Brandente. Die beiden Erpel ähneln sich, doch der Mittelsäger hat

eine Doppelhaube und rotbraune Brust, während Hals und Unterseite des Gänsesägers weiß mit rosa Einschlag sind; die Haube ist kaum wahrnehmbar. Beide haben lange, dünne Schnäbel mit nach unten gebogener Spitze. (Weibchen vgl. 245.)

243 Wie groß war der Vogel?

(von 237)

Von den sechs Enten mit rotbraunem Kopf an den Küstengewässern oder Flußmündungen sind zwei für eine Ente überdurchschnittlich groß.

Durchschnittlich oder unterdurchschnittlich groß für eine Ente 244
Überdurchschnittlich groß für eine Ente 245

244

(von 243)

KRICKENTE m	D 35 cm
PFEIFENTE m	D 46 cm
SCHELLENTE w	Wi 46 cm
ZWERGSÄGER w	Wi 41 cm

Die ersten drei sind hauptsächlich auf Seen zu Hause, aber der Zwergsäger bevorzugt die Küstengewässer.
Nur die Krickente ist ein echter Dauergast. Die Pfeifente ist vornehmlich ein Wintergast. Schellente und Zwergsäger sind reine Wintergäste.
Der Erpel der Krickente ist an der geringen Größe und dem knallgrünen Augenstreif zu erkennen, der gelb eingefaßt ist und bis zum Nacken läuft. Weibchen vgl. 247. Auftreten meist in Kolonien. Schneller, dicht formierter Flug.
Den Erpel der Pfeifente erkennt man am breiten gelben Streifen vom Schnabel zum Scheitel. Übriger Kopf und Hals sind kastanienbraun, der Körper grau-weiß, der Schwanz dunkler. Beim Flug ist der weiße Streifen am Vorderflügel sichtbar. (Weibchen vgl. 247.)
Der Kopf des Schellentenweibchens ist

schokoladenbraun, der übrige Körper hellgrau, die Unterseite weiß. Pfeifgeräusch der Flügel beim Flug. (Männchen vgl. 241.)

Der Kopf des Zwergsägerweibchens ist bis zur Schnabellinie dunkelbraun, darunter weiß. Der Körper ist grau. (Erpel vgl. 201.)

245 **MITTELSÄGER** w — D 58 cm
GÄNSESÄGER w — D 66 cm

(von 243)

Der Mittelsäger ist im Winter nur am Meer zu finden, im Sommer auch im Binnenland. Der Gänsesäger ist an Seen und Flüssen zu Hause, im Winter gelegentlich an der Küste zu sehen.
Beide Weibchen haben eine Haube, der Mittelsäger eine doppelte, der Gänsesäger eine einfache. Letzterer hat eine weiße Kehle, der Kontrast zum Kopf ist also stärker. Die Erpel (mit grünem Kopf) lassen sich viel leichter unterscheiden (vgl. 242).

246

(von 237)

Hatte der Vogel einen blauen oder grünen Spiegel?

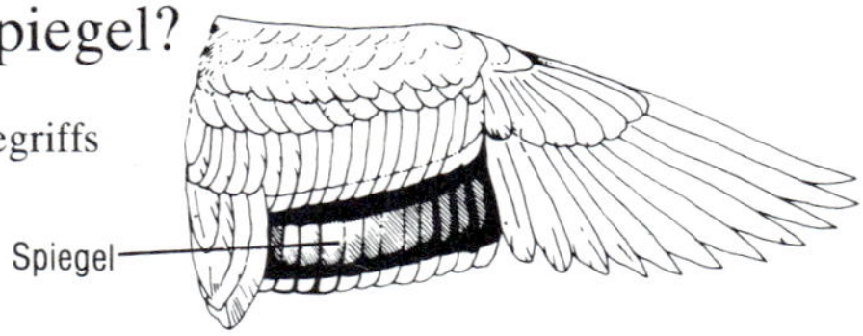

Wegen der Erklärung des Begriffs »Spiegel« vgl. 234.

Ja 247 Nein 248

247

(von 246)

STOCKENTE w — D 58 cm
KRICKENTE w — D 35 cm
PFEIFENTE w — D 46 cm

Die Stockente hat einen blauen Spiegel, Krick- und Pfeifente haben einen grünen. Ansonsten sind alle drei Weibchen braun und wären schwer auseinanderzuhalten, gäbe es nicht die Größenunterschiede. Die Erpel sind jeweils sehr charakteristisch – vgl. 242 (Stockente) und 244 (Krick- und Pfeifente).

Die Pfeifente ist in erster Linie ein Wintergast, einige Vögel bleiben jedoch das ganze Jahr.

Stockente
Weibchen

Pfeifente
Weibchen

Krickente
Weibchen

248

(von 246)

Hatte der Vogel erkennbar helle Kopfpartien?

Drei der ansonsten völlig braunen oder braun-weißen Weibchen sind an den weißen oder hellgrauen Flecken am Kopf zu erkennen.

Ja 249 Nein 250

249

(von 248)

TRAUERENTE w — D 48 cm
BERGENTE w — Wi 48 cm
EISENTE w — Wi 41 cm

Alle drei trifft man in der Regel am Meer, wenngleich die Trauerenten, die öfter Wintergäste sind, immer im Binnenland nisten, wenn sie im Sommer bleiben.
Das Weibchen der Trauerente, das ansonsten dunkelbraun ist, hat den auffälligsten hellen Kopffleck. Der reinschwarze Erpel fällt stärker ins Auge (vgl. 238). Wegen der selteneren Samtente vgl. die Ergänzungsliste.
Das Weibchen der Bergente hat am Schnabelansatz einen kleinen, weißen Fleck. Beim Flug sieht man den weißen

Trauerente
Weibchen

Bergente
Weibchen

Bauch und die breiten, weißen Flügelbinden. Der Erpel ist, wie meistens, leichter zu bestimmen (vgl. 241).
Das Weibchen der Eisente hat am meisten Weiß: an Kopf, Hals, Flanken und Bauch. Es hat keinen so langen Schwanz wie der Erpel (vgl. 236), weshalb es neben der Krick- und Knäkente zu den kleinsten Enten gehört.

Eisente
Weibchen

250 **EIDERENTE** w D 58 cm
SPIESSENTE w D 56 cm

(von 248)

Dies sind die beiden unscheinbarsten Weibchen und daher am besten über die Erpel zu bestimmen.
Die Eiderente ist ein echter Meeresvogel, während man die Spießente öfter im Binnenland sieht, vor allem im Sommer.
Das Weibchen der Eiderente erkennt man am besten am schweren, breiten Schnabel, der dem des Erpels sehr ähnelt (vgl. 239), dem gedrungenen Aussehen sowie der kräftigen Bänderung von Brust und Flanken.
Das Weibchen der Spießente hat zwar nicht die langen Schwanzfedern des Erpels (vgl. 236), doch ist ihr Schwanz länger als der aller anderen Weibchen, und sie wirkt außerdem schlanker und eleganter.

Eiderente
Weibchen

Spießente
Weibchen

251

(von 237)

KRICKENTE m
BRANDENTE m-w

D 35 cm
D 61 cm

Der Erpel der Krickente hat einen überwiegend rotbraunen Kopf, aber mit einem so auffälligen grünen Augenstreif, der gelb umrandet ist, daß sie sowohl hier wie bei 244 behandelt wird. Außerdem ist die Krickente daran zu erkennen, daß sie sehr klein ist. Meistens im Binnenland, im Winter gelegentlich auch an der Küste. Weibchen vgl. 247. Auch die Brandente hat einen grünen Kopf und ist daher unter 242 zu finden. Bei bestimmter Beleuchtung kann das Grün aber auch schwarz aussehen, daher die Wiederholung hier. Bis auf den großen Höcker am Schnabelansatz des Erpels sind die Geschlechter gleich.

252

(von 234)

War es eine Möwe oder eine Seeschwalbe?

Möwen und Seeschwalben sind an ihrer überwiegend weißen und perlgrauen Färbung zu erkennen. Einige Arten haben zwar schwarze Flügelspitzen oder schwarze oder dunkelgraue Rücken oder Oberflügel, doch wirken alle grundsätzlich weiß.
Beide Familien haben lange, spitze Flügel – die Seeschwalben noch ausgeprägter. Die Seeschwalben haben außerdem einen gegabelten, keinen abgeschnittenen Schwanz und einen schwarzen Scheitel. Ihr Flug ist eleganter.
Möwen suchen ihre Nahrung an der Wasseroberfläche, Seeschwalben tauchen zuweilen nach Nahrung.

Möwe 253 Seeschwalbe 260

Weder noch 261

253

(von 252)

Welche Farbe hatten der Rücken und die Oberflügel?

Genau angeben, welche der genannten Farben zutrifft:

Schwarz oder Dunkelgrau 254

Überwiegend grau oder weiß 255

Braun-Weiß 259

254 **MANTELMÖWE** D 66 cm
HERINGSMÖWE mw D 54 cm

(von 208 und 253)

Diese beiden großen Möwen unterscheiden sich von allen anderen durch die schwarze bzw. dunkelgraue Oberseite (Mantel- bzw. Heringsmöwe). Dieser Farbunterschied ist nicht immer auszumachen, so daß beide Arten dann schwarz-weiß aussehen. Dann helfen die deutlich größere Gestalt der Mantelmöwe und ihre rosa Beine weiter; die der Heringsmöwe sind gelb. Beide Arten sind nicht sehr gesellig und Aasfresser wie andere Möwen. Oft in der Nähe von Mülldeponien anzutreffen.

255 Wiesen die Flügelspitzen schwarze Federn auf?

(von 253)

»Ja«, wenn irgendwo auf den Flügelspitzen Schwarz zu sehen war. Ja 256 Nein 258

256 Hatte der Vogel einen gelben Kopf und Hals?

(von 255)

Diese Frage bedarf keiner Erläuterung. Ja 275 Nein 257

257 **LACHMÖWE** mwS-mwW D 37 cm
STURMMÖWE mw D 41 cm
DREIZEHENMÖWE D 41 cm
SILBERMÖWE mw D 61 cm

(von 208 und 256)

Die Lachmöwe hat im Sommer einen schokoladenbraunen Kopf, der bis auf einen kleinen, braunen Fleck hinter dem Auge im Winter weiß wird. Außerdem ist sie an der geringeren Größe, dem eleganteren Flug und dem leuchtenden Rot von Schnabel und Beinen zu erkennen. Die Flügelspitzen sind schwarz.
Die Sturmmöwe hat grüngelbe Beine und schwarze Flügelspitzen mit weißen Flecken.

Die Dreizehenmöwe ähnelt zwar der Sturmmöwe, unterscheidet sich jedoch von dieser durch ihre reinschwarzen Flügelspitzen und einen leichteren Flug. Sieht man die Dreizehenmöwe einmal irgendwo stehen, so fällt ein weiteres Unterscheidungsmerkmal auf: Sie hat schwarze Beine und Füße. Den Winter verbringt sie meist weit draußen auf See. Im Sommer brütet sie in Kolonien auf den Klippen. Meist wird man durch ihre lauten Schreie auf sie aufmerksam.

Die weitverbreitete Silbermöwe ähnelt beiden sehr, ist aber gedrungener und mit 56–66 cm merklich größer. Außerdem hat sie rosa Beine und einen roten Fleck auf dem schweren, gelben Schnabel.

258 EISSTURMVOGEL mw

D 47 cm

(von 255)

Eissturmvögel sind Sturmvögel, keine Möwen, den Möwen aber doch sehr ähnlich (bis auf den Hakenschnabel und den Flug mit steifen Schwingen), so daß sie hier erwähnt werden. Außer in der Nistzeit sind sie immer draußen auf dem Meer. Sie nisten kolonienweise auf Klippen. Der einzige Seevogel mit vollkommen grauen Oberflügeln ohne schwarze Spitzen. Kopf, Hals und Unterseite sind überwiegend weiß.

259 JUNGE MÖWEN

(von 253)

Fast alle jungen Möwen sind hauptsächlich braun und weiß. Die Färbung schwankt je nach Alter. Sie sind sehr schwer zu unterscheiden und sprengen den Rahmen dieses Buches.

Sonst besteht nur noch die Möglichkeit, daß es eine Raubmöwe war (vgl. 273).

260

(von 207 und 252)

FLUSSEESCHWALBE mw — So 35 cm
KÜSTENSEESCHWALBE mw — So 35cm
BRANDSEESCHWALBE mw — So 41 cm

Fluß- und Küstenseeschwalbe sind praktisch nur zu unterscheiden, wenn man sie in der Hand hält. Wichtigstes Unterscheidungsmerkmal ist, daß letztere einen reinroten Schnabel hat, die Flußseeschwalbe dagegen einen roten Schnabel mit schwarzer Spitze.
Die Flußseeschwalbe ist etwas kleiner, hat etwas längere Beine und einen kürzeren Schwanz, was aber wieder kaum zu erkennen ist. Allerdings ist die Küstenseeschwalbe so selten, daß man annehmen kann, es war eine Flußseeschwalbe, es sei denn, man kann das Gegenteil nachweisen.
Die Oberseite der Brandseeschwalbe ist wie bei den anderen grau, ihr Schnabel ist jedoch schwarz und hat eine gelbe Spitze. Zu erkennen ist eine kleine Haube. Beine und Füße sind schwarz.

261 Hatte der Vogel Schwimmfüße?

(von 252)

Schwamm der Vogel, so hatte er ganz bestimmt Schwimmfüße, und alle noch verbleibenden Arten mit Schwimmfüßen sieht man ständig auf dem Meer schwimmen, darüber fliegen, oder auf den Klippen an der Küste sitzen.

Ja 262 Nein 276

262 Gehörte der Vogel zur Familie der Taucher?

(von 261)

Taucher verbringen ihr ganzes Leben schwimmend und tauchend und kommen nur zum Brüten an Land. Sie haben ein stromlinienförmiges Äußeres und einen ziemlich langen, spitzen Schnabel. (Vgl. erst 263, dann 264.)

Ja 263 Nein 264

263

(von 262)

EISTAUCHER mwW — Wi 76 cm
PRACHTTAUCHER mwS-mwW — D 63 cm
STERNTAUCHER mwS-mwW — D 56 cm

Der Eistaucher ist ein Wintergast, und der Prachttaucher nistet normalerweise am Süßwasser. Der Sterntaucher ist also der einzige Taucher, den man mit seinem grauen Hals und rostroten Halsfleck im allgemeinen am Meer sieht. Außer anhand der Größe sind diese drei Arten im Winter schwer zu unterscheiden. Alle sind überwiegend braun und haben eine weiße Unterseite, aber der Sterntaucher ist meist heller und hat einen weißgesprenkelten Rücken. Sein Schnabel ist leicht nach oben gebogen. Der Prachttaucher liegt größenmäßig in der Mitte und ist schwerer gebaut. Der Eistaucher hat einen geraden, kräftigen Schnabel und ist sehr viel größer.

264

Welche Farbe hatte der Vogel?

(von 262)

Die zutreffende Farbe angeben. »Überwiegend schwarz« auch dann wählen, wenn größere Partien weiß waren.

Kopf rötlich-braun oder grün 265

Überwiegend schwarz (oder sehr dunkelbraun) 266

Nur braun und weiß 273

Hellgrau und weiß, etwas schwarz 274

Weiß, gelber Kopf 275

265 MITTELSÄGER m-w — D 58 cm
GÄNSESÄGER m-w — D 66 cm

(von 264)

Beide Arten sind überdurchschnittlich große Entenvögel, werden aber hier noch einmal erwähnt, falls sie nicht als solche erkannt wurden. Beide Erpel haben einen grünlichen Kopf, die Weibchen einen rötlich braunen, und beide Arten haben lange, dünne Schnäbel mit nach oben gebogener Spitze. Der Gänsesäger ist öfter auf Binnengewässern zu sehen, der Mittelsäger an der Küste und Flußmündungen.

Der Erpel des Gänsesägers hat eine kaum erkennbare Haube, das Weibchen eine einfache Haube. Beide Geschlechter des Mittelsägers haben eine Doppelhaube; der Erpel hebt sicht außerdem durch seine rotbraune Brust ab. Der Erpel des Gänsesägers hat dagegen eine weiße Brust und Unterseite mit einem Stich ins Rosarote.

Beide Erpel wirken vor allem beim Flug schwarz-weiß. Die Weibchen sind unauffällig grau. Der Übergang zwischen dem braunen Kopf und weißen Hals ist beim Gänsesägerweibchen abrupt, beim Mittelsäger ist dieser Übergang jedoch fließend. Beide Arten sind hervorragende Taucher.

266 Hatte der Vogel größere weiße Partien?

(von 264)

Mit »Ja« antworten, wenn sich das Weiß nicht auf den Kopf beschränkte.

Ja 267 Nein 272

267 War der Vogel kleiner als eine Amsel?

(von 266)

Zwei dieser schwarz-weißen Seevogelarten sind deutlich kleiner als die anderen.

Ja 268 Nein 269

268 **STURMSCHWALBE** So 15 cm
WELLENLÄUFER mw So 20 cm

(von 267)

Diese beiden Arten sind weit draußen auf dem Meer zu Hause, kommen aber zum Nestbau an die Küste. Man kann sie in kleinen Gruppen leicht über das Wasser fliegen sehen. Beide sind vorwiegend dunkelbraun, erscheinen aber oft schwarz.
Die Sturmschwalbe kommt häufiger vor und ist kleiner, kaum größer als eine Mehlschwalbe (vgl. 182), der sie mit ihren langen, spitzen Flügeln und dem weißen Bürzel ähnelt. Die Oberflügel haben mehr Weiß, der Schwanz ist gerade. Auch der Wellenläufer hat einen weißen Bürzel, der Schwanz ist jedoch gegabelt.

Sturmschwalbe

Wellenläufer

269 Hatte der Vogel einen großen, bunten Schnabel?

(von 267)

Diese Frage bedarf keiner Erläuterung. Ja 270 Nein 271

270 **PAPAGEITAUCHER** mwS-mwW D 30 cm

(von 269)

Den auffälligen schwarz-weißen Papageitaucher erkennt man sofort an seinem überdimensionalen Schnabel, der gelb, schwarz und rot gestreift ist. An Land steht er aufrecht, fast wie ein Pinguin. Er hat einen großen Kopf und leuchtendrote Beine. Gewöhnlich in größerer Zahl auftretend.
Papageitaucher nisten in Erdlöchern an der Küste, manchmal in großen Kolonien. Im Winter sind die weißen Wangen dunkler und die Schnäbel ein wenig kleiner und nicht so leuchtend in den Farben.

Papageitaucher

271

(von 269)

TORDALK mwS-mwW — D 41 cm
TROTTELLUMME mwS-mwW — D 42 cm
GRYLLTEISTE mwS — D 34 cm
SCHWARZSCHNABEL-STURMTAUCHER mw — So 35 cm

Die ersten drei, allesamt Alke, sind kräftige, schwere Vögel, die man auf Klippen und Felsen, aber auch schwimmend und fliegend sieht.
Tordalk und Trottellumme sehen sich im ersten Moment vielleicht ähnlich, mit völlig schwarzer Ober- und reinweißer Unterseite, doch sind sie sofort anhand des Schnabels auseinanderzuhalten. Der des Tordalks ist sehr groß und schwer, senkrecht abgeplattet und schwarz-weiß gemustert, der der Trottellumme schlank und spitz. Beide Arten sind im Winter heller. Der weit seltenere Krabbentaucher sieht wie eine kleine Trottellumme aus (vgl. die Ergänzungsliste).
Zur Paarungszeit ist die Gryllteiste bis auf einen weißen Fleck auf dem Oberflügel völlig schwarz. Im Winter ist sie vornehmlich grau und weiß (vgl. 274).
Der zierliche, möwenartige Schwarzschnabel-Sturmtaucher mit seinen langen, spitzen Flügeln sieht ganz anders aus. Man sieht ihn gewöhnlich dicht über dem Wasser fliegen. Die Oberseite ist schwarz, die Unterseite überwiegend weiß.

272 KORMORAN mw — D 90 cm
KRÄHENSCHARBE mw — D 76 cm

(von 266)

Beide Arten sind die einzigen völlig schwarz aussehenden Seevögel, wenngleich der Kormoran unauffällige, weiße Flecken an Wangen und Schenkeln hat. In Wirklichkeit sind beide dunkelbraun mit leichtem Grünschimmer. Sie haben einen langen, gelben Schnabel, der am Ende nach unten gebogen ist. Unterscheidungsmerkmal ist die Größe. Die seltenere Krähenscharbe hat außerdem einen kleineren Kopf. Beide sind ausgezeichnete Taucher. Im Flug strekken sie den langen Hals nach vorn und sehen wie große, schwarze Enten aus.

273 SCHMAROTZERRAUBMÖWE mw — So 46 cm
SKUA mw — So 58 cm

(von 264)

Raubmöwen sehen mit ihrem braunweißen Gefieder und den langen, spitzen Flügeln wie Jungmöwen aus, doch der Schwanz ist keilförmig und der Flug nicht so leicht, wenngleich sie bei der Jagd auf andere Seevögel viel Geschick entwickeln. Den Winter verbringen sie weit draußen auf dem Meer, im Sommer oder beim Durchzug im Frühjahr und Herbst kann man sie an der Küste beobachten.
Hals und Unterseite der häufigeren Schmarotzerraubmöwe können Töne zwischen Weiß und Dunkelbraun annehmen. Die Skua ist größer, schwerer gebaut, und hat breitere Flügel und weiße Flügelflecken. Beide Arten brüten u.a. an der englischen Küste, vor allem in Schottland.

274 **GRYLLTEISTE** mwW

D 34 cm

(von 264)

Die Gryllteiste hat im Sommer fast völlig schwarzes Gefieder (vgl. 271), das im Winter jedoch bis auf einige Flächen an Flügeln und Schwanz verschwindet. Die weißen Flügelflecken bleiben zwar, aber die Oberseite wird grau, die Unterseite einschließlich Kehle und Brust reinweiß. Schneller Flügelschlag. Aufenthalt im küstennahen Binnenland.

Gryllteiste
(Winter)

275 **BASSTÖLPEL** mw

D 90 cm

(von 256 und 264)

Baßtölpel erkennt man sofort am gelben Kopf, der Größe, dem langen, spitzen Schnabel, den weißen Flügeln mit schwarzen Spitzen und ihrer Art zu fischen: Sie stoßen aus beachtlicher Höhe mit angelegten Flügeln ins Wasser.

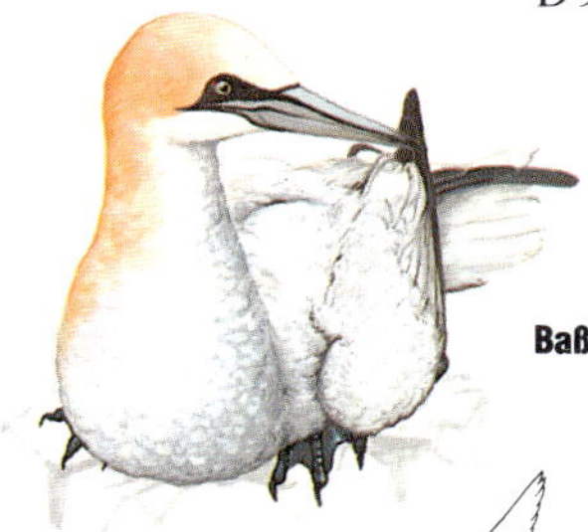

Baßtölpel

276 War es ein Stelzvogel?

(von 261)

Die 16 hier in Frage kommenden Stelzvogelarten haben alle lange Beine und Schnäbel. Sie waten im seichten Wasser, stehen an Gewässern oder im Sumpf oder fliegen dicht darüber. Meistens schneller Flug, oft im Zickzack.
Merke: Der Graureiher hat lange Beine, einen langen Schnabel und watet manchmal im Wasser, zählt jedoch nicht zu den Stelzvögeln. (Vgl. 288.)

Stelzvögel

Ja 277 Nein 286

277 Hatte der Vogel irgendwelche schwarze Federn?

(von 276)

Von den behandelten Arten sind drei deutlich schwarz-weiß, vier andere haben schwarze Partien an Kopf oder Brust. Bei diesen Arten bei 278 weitermachen, sonst bei 281.

Ja 278 Nein 281

278 War der Vogel kleiner als eine Amsel?

(von 277)

Bestimmen Sie, ob er kleiner als 25 cm oder eindeutig größer war. Ja 279 Nein 280

279

(von 278)

ALPENSTRANDLÄUFER mwS	D 18 cm
FLUSSREGENPFEIFER mw	So 15 cm
SANDREGENPFEIFER mw	D 19 cm
STEINWÄLZER mwS-mwW	D 23 cm

Die ersten drei sind viel kleiner als andere Stelzvögel – kaum größer als ein Buchfink.
Im Sommer hat der Alpenstrandläufer einen schwarzen Bauch. Sein Schnabel ist leicht abwärts gebogen. Alpenstrandläufer brüten fast immer im Binnenland. Wegen Winterkleid vgl. 282.
Die beiden Regenpfeifer erkennt man sofort an der schwarzweißen Zeichnung an Kopf und Brust. Der Größenunterschied ist erkennbar. Der Sandregenpfeifer hat eine helle Flügelbinde, die beim Fliegen sichtbar ist, und einen roten Schnabel mit schwarzer Spitze. Der Flußregenpfeifer nistet im Binnenland; nur gelegentlich sieht man ihn an der Küste, meist in der Schlammzone. Der Sandregenpfeifer hält sich gewöhnlich an der Küste auf, im Winter auch an Flußmündungen.
Der Steinwälzer ist hauptsächlich ein Wintergast, aber einige Vögel bleiben das ganze Jahr. Winter- und Sommerkleid mit deutlicher Schwarzweißmusterung. Er ist größer als die beiden Regenpfeifer. Kommt fast immer an steinigen Stränden vor, wo er die Steine bei der Nahrungssuche umdreht.

280

(von 278)

AUSTERNFISCHER mw	D 43 cm
KIEBITZ mw	D 30 cm
SÄBELSCHNÄBLER mw	D 43 cm

In Meeresnähe ist der Austernfischer die häufigste dieser drei auffälligen Arten. Leicht zu erkennen am schwarzweißen Gefieder, dem langen, roten

Schnabel und den rosa Beinen. Er hat etwa die Größe einer Saatkrähe. Im Sommer meist an Steinstränden oder auf küstennahen Feldern oder in Sümpfen; im Winter an Flußmündungen und in morastigem Gelände.
Der Kiebitz ist im Binnenland zu Hause; selten in Sümpfen oder an Stränden – dort nur im Winter. Er hat eine Haube und deutlich schwarz-weißes Gefieder, das grünlich schimmern kann.

Wer das Glück hat, einen Säbelschnäbler zu sehen, wird ihn kaum verkennen. Er ist überwiegend schwarz-weiß, hat einen schwarzen Scheitel und schwarze Flügelbinden und fällt besonders durch den langen, nach oben gebogenen Schnabel und die langen Beine auf. Der Säbelschnäbler nistet meist im küstennahen Sumpfland. Sonst kann man ihn in den Schlammzonen und an Flußmündungen sehen.

281 War der Vogel überwiegend graubraun?

(von 277)

Die zehn verbleibenden Stelzvögel sind alle überwiegend braun oder braunweiß. Bei vier von ihnen hat das Braun eindeutig einen grauen Einschlag. Man muß sorgfältig beobachten und eventuell zwischen 282, 284 und 285 hin- und herpendeln, bevor man die Lösung findet.

Ja 282 Nein 283

282

(von 281)

ALPENSTRANDLÄUFER mwW — D 18 cm
SANDERLING mwW — Wi 20 cm
KNUTT mwW — Wi 25 cm
KIEBITZREGENPFEIFER mwW — Wi 28 cm

Alpenstrandläufer (Winter)
Sanderling (Winter)
Knutt (Winter)
Kiebitzregenpfeifer (Winter)

Der Alpenstrandläufer ist im Winter unauffälliger als während der Brutzeit (vgl. 279). Das gilt auch für die drei anderen, doch kommen sie als Wintergäste, die man selten im Sommerkleid sieht, kaum in Frage.
Im Winterkleid sind alle vier Arten unauffällig und schwer auseinanderzuhalten. Der Alpenstrandläufer ist der häufigste und kleinste, seine Färbung brauner als die der anderen. Der meist scharenweise auftretende Vogel ist überwiegend in den sumpfigen Küstengebieten zu Hause.
Der etwas größere Sanderling ist praktisch immer an Sandstränden anzutreffen, wo er im Rhythmus der Brandung ins Meer und wieder zurückrennt. Er ist der Seevogel mit dem meisten Weiß. Scheitel und Unterseite sind grau-weiß. Knutt und Kiebitzregenpfeifer haben Amselgröße. Wie der Sanderling kommen sie an Sandstränden, aber auch im sumpfigen Küstengebiet und an Flußmündungen vor. Der Kiebitzregenpfeifer hat einen kürzeren, dickeren Schnabel und hebt sich durch den weißen Bürzel, den gestreiften weißen Schwanz und die sehr helle Unterseite ab. Beide Arten haben einen hellen Augenstreif.

283

Hatte der Vogel etwa die Größe einer Amsel?

(von 281)

Mit »Ja« antworten, wenn er etwa amselgroß (25 cm) oder unwesentlich größer war. War er deutlich größer, mit »Nein« antworten.

Ja 284 Nein 285

284
(von 283)

GOLDREGENPFEIFER mwW — D 28 cm
ROTSCHENKEL mW — D 28 cm
HELLER WASSERLÄUFER mW — D 30 cm
WALDWASSERLÄUFER mw — Wi 23 cm

An Flußmündungen oder der Küste sieht man diese vier Arten wahrscheinlich nur im Winter.
Der Goldregenpfeifer ist im Winter braungescheckt und hat eine weiße Unterseite sowie einen kürzeren Schnabel als die anderen. (Sommer vgl. 221.)
Die anderen drei haben einen weißen Bürzel. Der Rotschenkel hat lange, rote Beine, einen roten Schnabel mit schwarzer Spitze und am hinteren Oberflügel eine weiße Flügelbinde, die beim Flug sichtbar ist. Der helle Wasserläufer hat keine Flügelbinde und ist heller in der Färbung. Die langen Beine sind bräunlich.
Beide Arten geben beim Fliegen ein dreisilbiges »Piep ... piep ... piep« von sich.
Der Waldwasserläufer ist der seltenste und kleinste. Unterseite der Flügel und Oberseite sind weit dunkler als bei den anderen. Er hat einen gestreiften Schwanz und hellen Augenstreif.

285
(von 283)

GROSSER BRACHVOGEL mw — D 56 cm
REGENBRACHVOGEL mw — D 41 cm

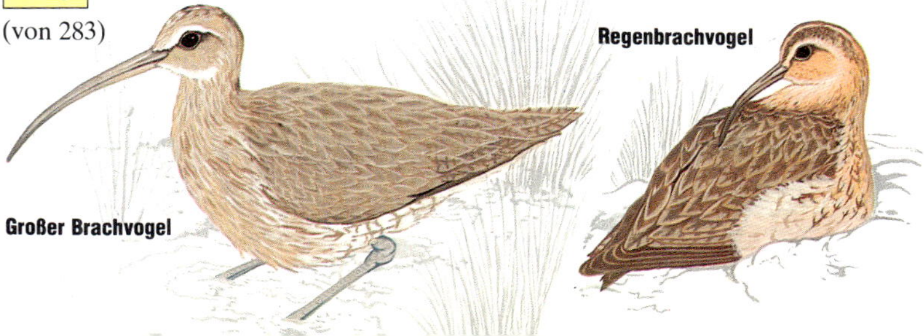

Die beiden Arten ähneln sich sehr, doch ist der große Brachvogel größer.
Beide haben lange Beine und einen sehr langen, nach unten gebogenen Schnabel. Der große Brachvogel hat einen unauffälligen weißen Bürzel, der Regenbrachvogel deutliche Kopfstreifen. Beide lieben Sumpfgelände.
Normalerweise sieht man Regenbrachvögel als Durchzügler im Frühjahr und Herbst; einige Tiere bleiben jedoch das ganze Jahr über.

286 Welche Farbe hatte der Vogel?

(von 276)

Die sechs verbleibenden Arten gehören definitiv zu einer der Farbgruppen unten. Die eindeutige Zuordnung dürfte nicht schwerfallen:

Schwarz; Schnabel, Beine rot 287

Überwiegend grau 288

Blaugrau, weißer Bürzel 289

Braun-weiß 290

287 ALPENKRÄHE mw

D 39 cm

(von 286)

Alpenkrähe

Die Alpenkrähe lebt ausschließlich an Felsküsten. Der reinschwarze Vogel könnte eventuell mit der Saatkrähe verwechselt werden, hätte er nicht leuchtendrote Beine und einen ebensolchen langen, nach unten gebogenen Schnabel. Außerdem ist die Alpenkrähe kleiner.

288 GRAUREIHER mw / WANDERFALK m / WANDERFALK w

(von 286)

D 90 cm
D 38 cm
D 48 cm

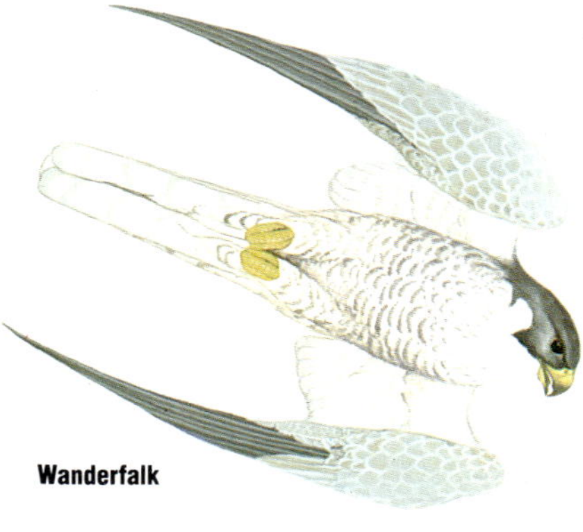

Wanderfalk

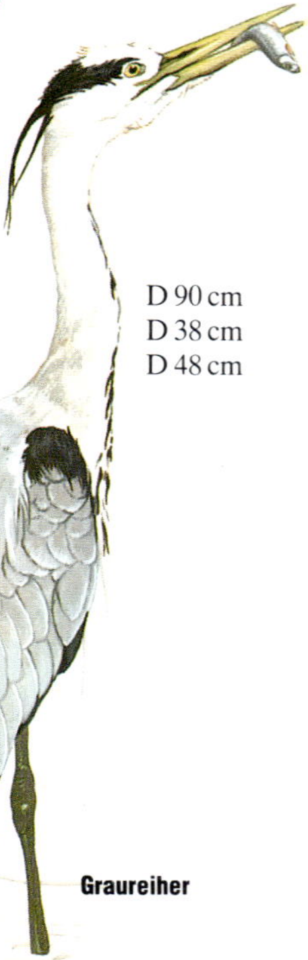

Graureiher

Der Graureiher unterscheidet sich von allen anderen Arten durch seine enorme Größe, die langen Beine und den langen Hals, der im Flug angelegt ist. Kaum erkennbar die schwarze Haube und die schwarzen Flügelränder, so daß er völlig grau und weiß wirkt. Beim Fischen steht er regungslos im seichten Wasser, meistens Süßwasser, nur selten an der Küste oder an Flußmündungen.

Ganz anders der Wanderfalk. Er hat lange, spitze Flügel und stürzt sich manchmal in der charakteristischen Form eines Ankers hinunter auf seine Beute. Die Geschlechter sind bis auf den Größenunterschied fast gleich. Die Oberseite ist bis auf die schwarzen Flügelspitzen grau, die Unterseite ist weiß mit braunen Streifen. Er lebt gerne auf Klippen und Felsenküsten.

289 **FELSENTAUBE** mw D 33 cm

(von 286)

Dies ist die einzige Taube, die man praktisch nur in den Klippen am Meer findet. Sie ist vom gleichen Blaugrau wie die Hohl- und Ringeltaube, von denen sie sich jedoch außer durch den Lebensraum durch einen weißen Bürzel unterscheidet.

290 **FELSENPIEPER** mw D 16,5 cm
SCHNEEAMMER m-w Wi 16,5 cm

(von 286)

Diese beiden kleinen Vögel sind kaum zu verwechseln. Der häufigere Felsenpieper ist braungesprenkelt, ähnlich wie auch andere Mitglieder seiner Familie (vgl. 12). Hielt sich der Vogel im Küstenbereich auf, war es höchstwahrscheinlich ein Felsenpieper.
Die Schneeammer kommt im allgemeinen an der Küste vor, nur selten im Binnenland. Das Winterkleid des seltenen Besuchers ist überwiegend weiß mit braunen Sprenkeln, die beim Männchen dunkler als beim Weibchen sind. Tritt meist in Scharen auf.

Ergänzungsliste

Falls Sie den gesuchten Vogel im Hauptteil des Buches nicht gefunden haben, schauen Sie bei den 38 folgenden Arten nach. Die Angaben sind sehr knapp gehalten und sollen nur Hilfestellung bei der Bestimmung leisten.

Landvögel

Unter 15 cm

SOMMERGOLDHÄHNCHEN m-w
D 9 cm
Sehr klein. Nicht größer als Wintergoldhähnchen (vgl. 60). Von diesem durch einen schwarzweißen Augenstreif unterschieden.

Schlüpfgrasmücke

SCHLÜPFGRASMÜCKE m-w
D 12,5 cm
Rötliche Brust, Oberseite und Kopf grau. Schwanz hochgetragen. Liebt Büsche, vor allem Stechginster. Sehr scheu.

16–25 cm

Dauergäste

ZAUNAMMER m-w D 16 cm
Schwerer Schnabel. Männchen mit auffallender Kopfmusterung, Weibchen schlichter. In Hecken und Büschen.

KERNBEISSER m-w D 18 cm
Äußerst kräftiger Schnabel, farbenprächtig. Liebt Laubwälder und Gärten. Zurückgezogen.

Sommergoldhähnchen

Zaunammer

Kernbeißer

Wendehals

Neuntöter
Männchen
Weibchen

Mornellregenpfeifer
(Sommer)

Seidenschwanz

Raubwürger

Baumfalk

Sommergäste
WENDEHALS mw So 16 cm
Braun mit grauem Rücken und Kopf, Schwanz gebändert. Sehr schriller Ruf. Laubwälder und Gärten. Nistet in Höhlen.

NEUNTÖTER mw So 17 cm
Sehr auffällige Färbung. Wählt oft sehr exponierten Sitzplatz. Ödland mit Sträuchern.

MORNELLREGENPFEIFER mw S So 23 cm
Stelzvogel. Bevorzugt im Sommer jedoch trockenes Gelände. Auffällige Färbung. Weißer Augenstreif.

Wintergäste
SEIDENSCHWANZ mw Wi 18 cm
Leuchtende Farben, auffällige Haube. Ernährt sich häufig von Beeren.

RAUBWÜRGER mw Wi 24 cm
Deutlich grau-schwarz-weiß gefiedert. Rüttelt gelegentlich. Freies und bewaldetes Gelände.

26–46 cm
BAUMFALK m-w So 30 cm (m); 36 cm (w)
Falke mit langen, schmalen Flügeln und kurzem Schwanz. Kräftig gemaserte Brust und rötliche „Hosen“.

ROTHUHN mw D 33 cm
Plump und rundlich mit schwarz-weißem Kopfmuster und gestreiften Flanken. Felder und offenes Gelände, meist in Ketten.

Rothuhn

TRIEL mw So 40 cm
Fast so groß wie Saatkrähe. Lange, gelbe Beine, sonst ziemlich unauffällig. Fliegt mit herabhängenden Beinen. Offenes Gelände.

Triel

Über 46 cm

Eulen

SCHNEE-EULE m-w D 53 cm (m) 66 cm (w)
Unverkennbar sehr große Eule mit überwiegend weißem Gefieder.

Schnee-Eule

Rohrweihe

Raubvögel

ROHRWEIHE m-w D 48-56 cm
Hauptsächlich Sommergast. Männchen braungrau mit schwarzen Flügelspitzen, Weibchen völlig braun-weiß. Bevorzugt feuchtes Gelände; manchmal auf Feldern.

FISCHADLER m-w So 51 – 58 cm
Reinweiße Unterseite und »Hosen«. Bevorzugt bewaldetes Gebiet mit Seen oder Flüssen. Rüttelt, bevor er nach der Beute taucht.

Fischadler

ROTER MILAN m-w 61–63 cm
Bedingter Zugvogel. Groß mit gegabeltem Schwanz.

STEINADLER m-w D 76–89 cm
Größter Raubvogel. Schwebt oft in großer Höhe. Völlig braun. Kräftige Krallen, mächtiger Schnabel.

Wasservögel

Unter 15 cm
ZWERGSTRANDLÄUFER mw S-mwW Dz* 13 cm
Sehr kleiner Stelzvogel. Ziemlich kurzer, gerader Schnabel. Flußmündungen, auch Binnenland.

16–25 cm
Dauergäste
BARTMEISE m-w D 16 cm
Langer Schwanz. Männchen mit auffälliger Kopfmusterung. Bevorzugt ausgedehntes Röhricht. Außerhalb der Brutzeit oft in Scharen.

Sommergäste
ODINS-WASSERTRETER mS-wS So 18 cm
Küsten, Inseln, Sümpfe und Seeufer. Ziemlich langer Schnabel, auffälliger scharlachroter Hals.

*Dz = Durchzügler, also hierzulande meist nur im Frühling oder Herbst auf der Reise zu sehen.

Steinadler

Roter Milan

Zwergstrandläufer

Bartmeise

Odins-Wassertreter

BRUCHWASSERLÄUFER mw
So 20 cm
Bevorzugt Süßwasser: Sümpfe, Seeufer, Stauseen. Unauffälliger Stelzvogel mit gelben Beinen und weißem Bürzel.

ZWERGSEESCHWALBE mw
So 24 cm
Seevogel. Wie andere Seeschwalben (vgl. 260), aber viel kleiner. Gelber Schnabel mit schwarzer Spitze.

TRAUERSEESCHWALBE mwS
24 cm
Seevogel. Wie andere Seeschwalben (vgl. 260), aber unverwechselbares schwarz-graues Gefieder. Gleiche Größe wie Zwergseeschwalbe.

Bruchwasserläufer

Zwergseeschwalbe

Trauerseeschwalbe

(Winter) (Sommer)

Krabbentaucher

Wintergäste
KRABBENTAUCHER mwW
Wi 20 cm
Seevogel. Aussehen wie sehr kleiner Tordalk (vgl. 271), aber mit kurzem Schnabel.

Durchzügler
SICHELSTRANDLÄUFER
mwS-mwW Dz* 19 cm
Sümpfe und Schlammzone. Stelzvogel mit nach unten gebogenem Schnabel. Sommerkleid braun, Winterkleid grau. Weißer Bürzel.

*Dz = Durchzügler, also hierzulande meist nur im Frühling oder Herbst auf der Reise zu sehen.

(Winter)

(Sommer)

Sichelstrandläufer

KLIPPENSTRANDLÄUFER
mwS-mwW Dz 21 cm
Kurze, gelbe Beine. Dunkles Gefieder, manchmal purpurn schimmernd. Felsenufer, Molen und Wellenbrecher.

Klippenstrandläufer

26–46 cm

Taucher

Taucher sieht man auf Binnengewässern das ganze Jahr über, an Flußmündungen und Küsten im Winter.

SCHWARZHALSTAUCHER
mwS-mwW D 30 cm
Sommer: Allgemeines Erscheinungsbild schwarz mit gelben Federohren. Winter: Schwarzgrau mit weißer Unterseite. Nach oben gebogener Schnabel.

Schwarzhalstaucher

OHRENTAUCHER mwS-mwW
D 33 cm
Wie Schwarzhalstaucher, aber mit rostroten Federohren, Flanken und ebensolchem Hals; im Winter blasser. Nach unten gebogener Schnabel.

Ohrentaucher

ROTHALSTAUCHER mwW
Wi 43 cm
Winter: Wie die beiden vorigen Taucher, aber größer. Fast schwarzer Scheitel, weiße Wangen, gelber Schnabel. Selten im Binnenland. Kein roter Hals im Winter.

Rothalstaucher

Stelzvögel

DUNKLER WASSERLÄUFER mwS-mwW Wi 30 cm

Leuchtendrote Beine. Sehr dunkles Gefieder im Sommer, das im Winter hellgrau wird. Weißer Augenstreif und weiße Unterseite.

UFERSCHNEPFE mwS-mwW D 40 cm

Aussehen wie Pfuhlschnepfe, aber fast gerader Schnabel und schwarzer Schwanz. Ganzjährig an der Küste und küstennahen Sümpfen, im Sommer auch in Sümpfen im Binnenland.

PFUHLSCHNEPFE mwS-mwW Wi 38 cm

Im Sommer selten. Aufwärts gebogener Schnabel. Im Winter hell mit gebändertem Schwanz. Flußmündungen Meeresküste.

Möwen und Seeschwalben

ZWERGMÖWE mwW Wi 28 cm

Selten im Binnenland. Sehr kleine, seeschwalbenähnliche Möwe. Rauchgraue Unterflügel. Kopf und Hals im Sommer tiefschwarz, im Winter grau-weiß.

PARADIESSEESCHWALBE mw So 38 cm; Seevogel.

Wie andere Seeschwalben (vgl. 260), aber Brust mit rosa Stich. Starker, schwarzer Schnabel, langer Schwanz.

Über 46 cm

Süßwasser

ROHRWEIHE m-w D 48 cm (m) 56 cm (w)
In erster Linie Sommergast. Männchen braun-grau mit schwarzen Flügelspitzen, Weibchen ganz braun-weiß. Bevorzugt feuchtes Gelände, aber manchmal auf Feldern.

FISCHADLER m-w 50 cm (m) 58 cm (w)
Reinweiße Unterseite und „Hosen“ Bevorzugt bewaldetes Gebiet mit Seen oder Flüssen. Rüttelt, bevor er nach der Beute taucht.

SAATGANS mw Wi 71–89 cm
Felder in der Nähe von Binnengewässern. Schlicht, überwiegend braun, gelber Schnabel mit schwarzer Spitze; gelbe Beine. Größe schwankend.

GROSSE ROHRDOMMEL mw D 76 cm
Sehr zurückgezogen. Röhricht und Dikkicht in der Nähe von Süßwasser. Kräftiger, gelber Schnabel. Eigenartiger, dumpfer „Gesang“; weithin hörbar.

Salzwasser

SAMTENTE m-w Wi 56 cm
Seevogel. Der Trauerente (vgl. 238/249) sehr ähnlich, aber größer. Beide Geschlechter haben weiße Flügelbinde und weißen Augenfleck.

EISMÖWE mw Wi 63–81 cm
Seevogel. Sehr große Möwe, grau-weiß, ohne dunkles Gefieder. Rosa Beine und gelber Schnabel. Größe schwankend.

Rohrweihe

Fischadler

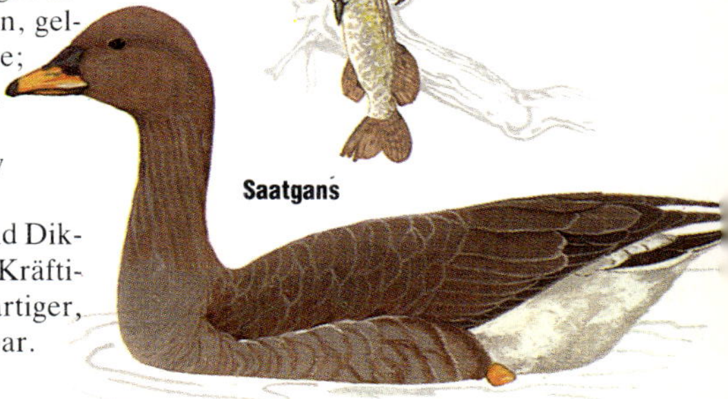

Saatgans

Große Rohrdommel

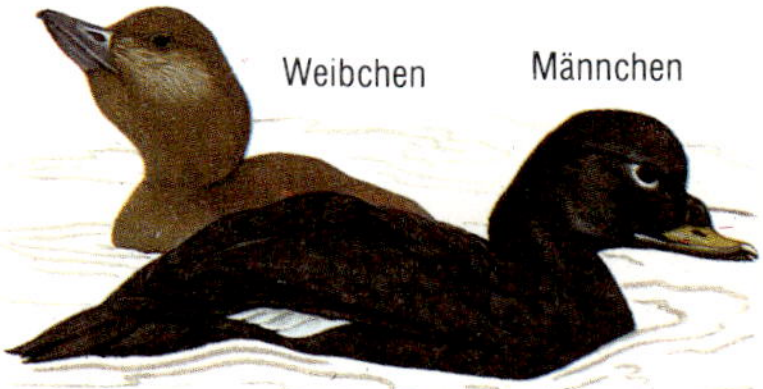

Samtente

Eismöwe

Kurzübersicht

Wenn Sie den Eindruck haben, nun in der systematischen Vogelbestimmung schon etwas geübter zu sein, werden Sie es vielleicht als angenehmer empfinden, die nachfolgende Kurzübersicht zu benutzen, die Sie schneller zu Ihrer Antwort führen wird.

Landvögel

1. Buchfinkgröße und kleiner

Braun oder braun-weiß	Offenes Gelände	Dünner Schnabel	6
		Dicker Schnabel	13
	Kein offenes Gelände	Weiße Flügelabzeichen	14
		Keine weißen Flügelabzeichen	17

Braun-weiß außer acht lassen und angeben, welche andere Farbe vorherrscht:

Schwarz	Überwiegend schwarz-weiß	Schwalbenähnlich	89
		Nicht schwalbenähnlich	26
	Nicht überwiegend schwarz-weiß		29
Grau	Langer Schwanz		97
	Kein langer Schwanz		39
Rot	Langer Schwanz		27
	Kein langer Schwanz	Rote Brust	51
		Keine rote Brust	58
Gelb-grün	Extrem klein		60
	Nicht extrem klein	Familie der Meisen	62
		Nicht Familie der Meisen	63
Blau			62

2. Größer als Buchfink, nicht größer als Amsel

Braun oder braun-weiß	Eule		74
	Schnepfe		76
	Weder noch	Eher Buchfinkgröße	78
		Eher Amselgröße	86

Braun-weiß außer acht lassen und angeben, welche andere Farbe vorherrscht:

Schwarz	Schwalbenähnlich		89
	Nicht schwalbenähnlich	Völlig schwarz	91
		Nicht völlig schwarz	92
Grau	Langer Schwanz		97
	Kein langer Schwanz		98
Rot			101
Gelb	Langer Schwanz		191
	Kein langer Schwanz		107
Grün			108

3. Größer als Amsel, nicht größer als Saatkrähe

4. Größer als Saatkrähe

Wasservögel

Auf oder in der Nähe von Süßwasser

1. So groß wie eine Amsel oder kleiner

Braun oder braun-weiß	Stelzvogel	Weißer Bürzel	171
		Kein weißer Bürzel	172
	Kein Stelzvogel		173
Schwarz	Nur schwarz an Kopf und Kehle		180
	Anderswo schwarz	Schwalbenähnlich	182
		Nicht schwalbenähnlich	183
Blau			188
Grau		Langer Schwanz	97
		Kein langer Schwanz	222
Rot			190
Gelb			191

2. Größer als eine Amsel

Ente	Unterdurchschnittlich groß		194
	Überdurchschnittlich groß	Säger	196
		Kein Säger	197
	Durchschnittlich groß		198
Möwe			208
Seeschwalbe			260
Schwan			225
Gans			226
Keiner der Obigen	Nicht größer als eine Saatkrähe		210
	Größer als eine Saatkrähe		227

Auf oder in der Nähe von Salzwasser

Schwan		225
Gans		233
Ente		235
Möwe		253
Seeschwalbe		260
Taucher		263
Stelzvogel		277
Keiner der Obigen	Schwimmvogel	264
	Kein Schwimmvogel	286

Register und Prüfliste

Kennzeichnen Sie jede neue Art, die Sie entdecken, mit einem »X«. Am Schluß ist Platz zum Eintragen seltenerer Arten, die nicht im Buch aufgeführt sind. »E« heißt: Die Art ist in der Ergänzungsliste erwähnt.

Eigene Ergänzungen

☐ . . . .
☐ . . . .
☐ . . . .
☐ . . . .
☐ . . . .
☐ . . . .
☐ . . . .
☐ . . . .
☐ . . . .
☐ . . . .
☐ . . . .
☐ . . . .
☐ . . . .
☐ . . . .
☐ . . . .
☐ . . . .